New Type of Eco-friendly Transformer Oil
—Vegetable Insulating Oil and Its Applications

环保新型变压器油
——植物绝缘油应用技术

主　编　杨　涛

副主编　寇晓适　郑含博　王　天
　　　　朱孟兆　姚德贵

参　编　付　刚　韩　利　王　吉
　　　　陈上吉　蔡胜伟　孙　鹏
　　　　姚　伟　韩金华　李　剑
　　　　杨晓辉　郝　建　刘捷丰
　　　　王　栋　张镱议　张　慧

内 容 提 要

本书根据近年来我国环保新型变压器油——植物绝缘油技术的发展现状，系统阐述了绝缘油的应用及发展、植物绝缘油原油组成及选择、炼制工艺、性能参数、微水特性、抗氧化特性、质量标准、验收及储存、运行维护、净化与再生处理和传统矿物绝缘油变压器直接更换植物绝缘油等相关技术知识。

本书内容丰富、新颖，叙述条理清晰，具有较强的现场指导性和实用性，能够有效促进植物绝缘油的全过程管理，有助于加强油务监督工作，可供从事变压器类设备油务处理、化学监督、变压器运行维护和检修的工程技术人员及绝缘油生产和变压器制造相关技术人员学习和参考。

图书在版编目（CIP）数据

环保新型变压器油：植物绝缘油应用技术/杨涛主编．—北京：中国电力出版社，2019.12

ISBN 978-7-5198-3923-9

Ⅰ．①环…　Ⅱ．①杨…　Ⅲ．①植物绝缘油－应用　Ⅳ．①TM214

中国版本图书馆 CIP 数据核字（2019）第 240358 号

出版发行：中国电力出版社
地　　址：北京市东城区北京站西街 19 号（邮政编码 100005）
网　　址：http://www.cepp.sgcc.com.cn
责任编辑：畅　舒（010-63412312）
责任校对：黄　蓓　于　维
装帧设计：赵姗姗
责任印制：吴　迪

印　　刷：三河市万龙印装有限公司
版　　次：2019 年 12 月第一版
印　　次：2019 年 12 月北京第一次印刷
开　　本：880 毫米×1230 毫米　32 开本
印　　张：7.5
字　　数：188 千字
印　　数：0001—1500 册
定　　价：39.00 元

前　言

作为一种重要的液体绝缘材料，绝缘油通常被比作是发电、供电设备中的“血液”，其主要应用于液浸式高压绝缘设备，如液浸式变压器、断路器、互感器等，通过浸渍和填充来消除设备内绝缘的气隙，起到绝缘、散热冷却和熄灭电弧的作用。矿物绝缘油具有良好的电气绝缘及冷却性能，在液浸式变压器中得到了广泛应用，但是随着对变压器性能要求的提高，其燃点低、生物降解性差，并不适宜在消防安全及环保要求高的地方使用。

随着经济的快速发展及人们消防安全和环保意识的逐渐提高，作为高燃点、易降解、可再生的植物绝缘油被普遍认为是矿物绝缘油的良好替代品。目前，全球在运行的植物绝缘油变压器已超过 100 万台，主要应用于电网、新能源、海洋风电、石油、铁路等不同行业，在配电变压器中已获得良好的工程应用，现已逐步应用于大型电力变压器中。近几年，我国植物绝缘油行业飞速发展，现已打破国外的技术壁垒和价格垄断，填补了国内该领域的空白，大力促进了我国植物绝缘油产业的发展和植物绝缘油变压器在电力系统的推广应用，已取得良好的社会、经济和环境效益。

作为一种绿色环保型液体绝缘介质，植物绝缘油应用于变压器可赋予其高燃点、环保、低噪声等优点，提高变压器的过载能力，延长变压器的使用寿命，可有效缓解“返乡高负荷”等电网短期集中过负荷压力，进而保证电网安全运行。随着新一代电网对电力设备环保性要求的提高，植物绝缘油变压器已成为先进电力装备制造业发展方向之一，同时也符合我国节能减排、低碳经济和绿色智能电网的发展要求。

目前，国内关于绝缘油技术方面的专业书籍大多以矿物绝缘油为主，并没有植物绝缘油方面的相关书籍。鉴于此，本书在总结作者长期从事植物绝缘油生产及科研的工作经验和借鉴当前国内外植物绝缘油技术大量研究成果的基础上，较为详细地介绍了电力变压器用植物绝缘油的选用、质量要求、炼制工艺、验收储存、运行维护、油务处理等相关技术的理论知识、经验总结及技术性成果。

本书共分为十一章：第一章介绍了绝缘油的应用及发展；第二～六章介绍了植物绝缘油原油组成及选择、炼制工艺、性能参数、微水及抗氧化特性等内容；第七～十章介绍了植物绝缘油质量标准、验收及储存、运行维护、净化与再生处理等内容；第十一章介绍了传统矿物绝缘油变压器直接更换植物绝缘油相关技术内容。

本书中引用了国内外研究人员大量的基础性资料、实验数据及研究成果，在此谨向他们致以诚挚谢意。由于作者水平有限，编写时间仓促，加之植物绝缘油领域技术发展迅速，书中不妥之处在所难免，恳请专家、同行及读者们批评指正。

编著者

2019 年 9 月

目 录

第一章

绝缘油的应用及发展

第一节　绝缘油的功能

作为一种重要的液体绝缘介质，绝缘油由于其良好的电气绝缘和冷却性能，目前在液浸式电力变压器中得到了普遍应用，其性能的好坏对液浸式电力变压器的运行寿命和电力安全供应具有重要的意义。一般来讲，绝缘油具有绝缘、灭弧及散热冷却三大功能。

一、绝缘作用

在液浸式电力变压器中，绝缘油是流体，能够充满电气设备内各部件之间的任何空间，将不同电位的带电部分隔离开来使其不至于形成短路。空气的介电常数为 1.0，而矿物绝缘油的介电常数为 2.25，植物绝缘油更是能够达到 3.2，也就是说，绝缘油的介电强度比空气大很多，能使绕组与绕组之间、绕组与铁芯之间、绕组与外壳之间等均保持良好的绝缘，进而增加变压器的绝缘强度。而且随着绝缘油质量的提高，变压器的安全系数随之增大，所以绝缘油可靠的绝缘性能是其主要功能之一。

对于绝缘油和绝缘纸共同构成的绝缘体系，因绝缘纸的介电常数远高于绝缘油，故绝缘油是绝缘体系的薄弱环节，承受着更高的绝缘强度。绝缘油对固体绝缘效率的重要作用还体现在它能浸入包围绝缘的层间。

二、灭弧作用

在油开关和有载调压变压器中，绝缘油主要起灭弧作用。当液浸开关在切断或切换电力负荷时，其固定触头和滑动触头之间就会产生高能电弧，由于电弧温度很高，如不把弧柱的热量及时带走，使触头冷却，那么在后续电弧的作用下，很容易烧毁设备。而设备中的绝缘油在产生高能电弧时，一方面会通过自身汽化和剧烈的热分解吸收大量的热量；另一方面因分解产生的气体中，氢气约占70%，而氢气在所有气体中的导热性能最高[氢气在0℃时的导热系数约为 0.163W/（m·℃）]，它会迅速将热量传导至绝缘油中，并直接冷却开关触头，使之难以产生后续电弧，从而起到消弧、灭弧的作用。

三、散热冷却作用

变压器在带电运行过程中，由于绕组有电流通过，必然会像其他电气设备一样发热，如果不将绕组内的热量散发出来，必将使绕组和铁芯内积蓄的热量越来越多而导致绕组和铁芯内部温度过高，从而损坏绕组外部包覆的固体绝缘，导致绕组烧坏。绝缘油在电气设备中可将绕组和铁芯内部的这些热量吸收到绝缘油中，然后通过绝缘油循环冷却使热量散发出来，进而保证设备的安全稳定运行。

需要注意的是，虽然变压器绕组能够承受几百摄氏度的高温，绝缘油在140℃以下也不会显著劣化，但其外部包覆的固体绝缘却在90℃左右的温度下就会加速劣化，因而绝缘油必须使绝缘纸温度尽可能维持在该温度以下，否则变压器的寿命就会大大降低。

吸收了热量的绝缘油冷却方式有自然循环冷却、自然风冷、强油循环风冷和强油循环水冷等多种方式。一般大容量的变压器大多采用强油循环的冷却方式。所以散热冷却作用也是绝缘油的主要功能之一。

四、其他功能

绝缘油除上述功能外，还具有如下功能：

（1）由于绝缘油的流动性，使其能充填在绝缘材料的空隙中，可起到保护铁芯和绕组组件的作用。

（2）由于绝缘油能充填在绝缘材料的空隙中，可将易于氧化的纤维素和其他材料所吸收的氧的含量减少到最低限度。也就是说，绝缘油会与混入电气设备中的氧首先进行氧化作用，从而延缓了氧对绝缘材料的侵蚀。

第二节　绝缘油种类及发展

通常情况下，对绝缘油的性质有如下要求：

（1）良好的氧化安定性。绝缘油在变压器中的运行温度为60～80℃（也与负荷、气温有关），并与空气接触，同时还受电场、电晕的作用，这些因素都会加速绝缘油的劣化或氧化。因此要求绝缘油具有良好的氧化安定性和热稳定性。

（2）良好的电气性能。通常评定绝缘油电气性能的指标是：击穿电压、介质损耗因数及体积电阻率等。达不到电气性能指标的绝缘油是不能使用的。

（3）高温安全性能。高温安全性能常用闪点表示，闪点越低，绝缘油的挥发性越大，安全性越差。因此，国家标准对绝缘油的闪点有严格的规定。

（4）抗燃性能。抗燃性能用燃点表示，燃点越低则防火性越差。

（5）低温性能。低温性能用凝点表示。绝缘油的另一作用是冷却散热，因此凝点低、流动性好的绝缘油对变压器的散热有利。

一、矿物绝缘油

目前，电力系统中广泛使用的绝缘油是从天然石油中炼制的矿物绝缘油，是可燃性液体，化学组成复杂，其主要成分是碳氢化合物，即烃类化合物。烃类的组分对石油产品的物理、化学性质有很大影响，是炼制矿物绝缘油的关键。石油产品中的烃类主要是烷烃、环烷烃、芳香烃、烯烃和炔烃，一般情况下不含不饱和烃类。

（一）烷烃

烷烃是指分子中的碳原子之间以单键相连，碳原子的其余价键都与氢原子相结合形成的化合物，其化学通式为 C_nH_{2n+2}。烷烃的化学性质比较稳定，通常与强酸、强碱、氧化剂等都不起作用，但是在高温或有催化剂的条件下能与空气中的氧作用，生成一系列氧化产物，如醇、醛、酮、酸类。

烷烃包括正构烷烃和异构烷烃。正构烷烃的凝点较高，且在高压作用下易分解产生氢气，因此很少使用。异构烷烃则有许多优良的理化性质，例如闪点较高（＞170℃），凝点低（＜−45℃），酸值低（＜0.01mg/g，以 KOH 计），氧化安定性好及界面张力高等，是绝缘油的理想组分。一般情况下，烷烃含量超过 25%～30%称为烷基（或称石腊基）原油。

（二）环烷烃

环烷烃的分子通式为 C_nH_{2n}，其碳原子上所有的价键都已饱和，与烷烃相似，也是一种化学性质很稳定的烃类。石油中环烷烃结构较复杂，有单环、双环和多环，并带有烷基侧链。环烷烃的抗爆性、热稳定性和化学安定性好，凝点低，低温流动性好，析气性适中，也是炼制绝缘油的理想组分。含有 75%～83%的环烷烃称为环烷基原油，是炼制绝缘油的最好选择。

（三）芳香烃

芳香烃的分子通式为 C_nH_{2n-6}，主要特征是分子中至少有一个苯环，按结构可分为单环、多环和稠环芳香烃。芳香烃因具有独特的双键结构，故其对成品油性能的影响也较为复杂。一般来说，单环芳香烃化学稳定性较好，其电气性能与环烷烃没有明显的差别；而多环芳香烃的化学稳定性差，易与氢发生加成反应，也易被空气中的氧气氧化而形成酸、醛和酚等化合物，甚至形成油泥，使油品的酸值升高，颜色加深，通常是炼制、加工电力用油时要除去的不良成分。

（四）烯烃和炔烃

在烃类化合物中，含有一个双键（C═C）的化合物称为烯烃，其化学式为 C_nH_{2n}；含有一个三键（C≡C）的化合物称为炔烃，其化学式为 C_nH_{2n-2}。烯烃和炔烃统称为不饱和烃，两者的物理性质基本上与烷烃相似，密度小于 $1g/cm^3$，不溶于水，易溶于有机溶剂。由于所含 C═C 双键和 C≡C 三键中的 π 键键能较弱，容易极化，也容易断开，其稳定性最差。

（五）非烃类化合物

天然石油中除含有大量的烃类化合物外，还含有少量的非烃类化合物，如含硫化合物、含氧化合物、含氮化合物及胶质、沥青质等。非烃类化合物分子中具有极性原子或基团，化学稳定性、热稳定性及光稳定性都很差，它们的存在可对电气设备产生腐蚀或降低油品的稳定性。

综上可以看出，矿物绝缘油的理想组分为异构烷烃、环烷烃和少量单环芳香烃，且比例应适当。烷烃和环烷烃的氧化产物具有促进氧化的作用，而芳香烃的氧化产物具有减缓和阻止氧化的作用，但会使基础油对抗氧抑制剂的感受性变差，从而影响矿物绝缘油的氧化安定性。矿物绝缘油需要有适量且结构稳定的芳香烃以保证矿物绝缘油的抗析气性能和溶解矿物绝缘油运行过程中产生油泥的性能。

目前，日常使用的大量矿物绝缘油主要分为石蜡基油和环烷基油两大类，其主要性能对比见表 1-1，表中对性能相对优良的已标注“优”。通过质谱分析，石蜡基油和环烷基油的芳香烃含量较接近，主要差别是石蜡基油的直链烷烃含量较高，而环烷基油的环烷烃含量较高，特别是三环和四环的环烷烃较高。

表 1-1　环烷基油和石蜡基油主要性能对比

项目	单位	环烷基油	石蜡基油	作用和影响
密度	g/cm^3	大	小（优）	防止浮冰，发生高压放电
凝点	℃	低（优）	高	保证低温流动性
高温黏度（40℃）	mm^2/s	小（优）	大	黏度低有利于热传导
苯胺点	℃	低（优）	高	溶解氧化产物，防止堵塞变压器通路
析气性	μL/min	吸收氢气（优）	释放氢气	对超高压设备用油具有重要的意义
低温黏度（−30℃）	mm^2/s	大	小（优）	有利于热传导和减少动力消耗
闪点	℃	低	高（优）	闪点低易挥发着火
介质损耗的稳定性	—	高（优）	低	介质损耗高使绕组绝缘电阻降低危及安全
氧化安定性	—	稍低	高（优）	氧化产物会损坏设备、危害绝缘、缩短寿命

矿物绝缘油兼具良好的电气绝缘和冷却性能以及低廉的成本，因此在液浸式电力变压器中有 100 多年的应用历史，其主要技术要求和试验方法见表 1-2。但是用传统方式加工的环烷基变压器油中含有一定的芳香烃，含量一般在 8%～9%。由于芳香烃对孕妇和新生儿具有一定危害，因此各国对变压器油中的芳香烃含量提出了要求。英国变压器油标准在健康环保项目下规定多环芳香烃含量小于 3%。出于环保原因，美国 1991 年规定，8.16MPa 加氢压力、800℉（427℃）下生产出的环烷基油才可以在美国随便销售，否则需加注“含有致癌物质”。

表 1-2　变压器油（通用）技术要求和试验方法（GB 2536—2011）

项　目		质量指标					试验方法
最低冷态投运温度（LCSET）		0℃	−10℃	−20℃	−30℃	−40℃	
功能特性[a]	倾点（℃，不高于）	−10	−20	−30	−40	−50	GB/T 3535

续表

项　目			质量指标					试验方法
最低冷态投运温度（LCSET）			0℃	-10℃	-20℃	-30℃	-40℃	
功能特性[a]	运动黏度（mm^2/s，不大于）	40℃	12	12	12	12	12	GB/T 265
		0℃	1800	—	—	—	—	
		-10℃	—	1800	—	—	—	
		-20℃	—	—	1800	—	—	
		-30℃	—	—	—	1800	—	
		-40℃	—	—	—	—	2500[b]	NB/SH/T 0837
	水含量[c]（mg/kg，不大于）		30/40					GB/T 7600
	击穿电压（kV，不小于）	未处理油	30					GB/T 507
		经处理油[d]	70					
	密度[e]（20℃，kg/m^3，不大于）		895					GB/T 1884 GB/T 1885
	介质损耗因数[f]（90℃，不大于）		0.005					GB/T 5654
精制/稳定特性[g]	外观		清澈透明、无沉淀物和悬浮物					目测[h]
	酸值（以 KOH 计，mg/g，不大于）		0.01					NB/SH/T 0836
	水溶性酸或碱		无					GB/T 259
	界面张力（mN/m，不小于）		40					GB/T 6451
	总硫含量[i]（质量分数，%）		无通用要求					SH/T 0689
	腐蚀性硫[j]		非腐蚀性					SH/T 0804
	抗氧化添加剂含量[k]（质量分数，%，不大于）	不含抗氧化添加剂油（U）	检测不出					SH/T 0802
		含微量抗氧化添加剂油（T）	0.08					
		含抗氧化添加剂油（T）	0.08～0.4					
	2-糠醛含量（mg/kg，不大于）		0.1					NB/SH/T 0812
运行特性[l]	氧化安定性（120℃）		1.2					NB/SH/T 0811
	试验时间：（U）不含抗氧化添加剂油：164h	总酸值（以 KOH 计，mg/g，不大于）						

续表

<table>
<tr><th colspan="3">项　目</th><th colspan="5">质量指标</th><th rowspan="2">试验方法</th></tr>
<tr><th colspan="3">最低冷态投运温度（LCSET）</th><th>0℃</th><th>−10℃</th><th>−20℃</th><th>−30℃</th><th>−40℃</th></tr>
<tr><td rowspan="3">运行特性[l]</td><td rowspan="2">（T）含微量抗氧化添加剂油：332h
（I）含抗氧化添加剂油：500h</td><td>油泥（质量分数，%，不大于）</td><td colspan="5">0.8</td><td>NB/SH/T 0811</td></tr>
<tr><td>介质损耗因数[f]（90℃，不大于）</td><td colspan="5">0.500</td><td>GB/T 5654</td></tr>
<tr><td colspan="2">析气性（mm^3/min）</td><td colspan="5">无通用要求</td><td>NB/SH/T 0810</td></tr>
<tr><td rowspan="3">健康、安全和环保特性（HSE）[m]</td><td colspan="2">闪点（闭口，℃，不低于）</td><td colspan="5">135</td><td>GB/T 261</td></tr>
<tr><td colspan="2">稠环芳烃（PCA）含量（质量分数，%，不大于）</td><td colspan="5">3</td><td>NB/SH/T 0838</td></tr>
<tr><td colspan="2">多氯联苯（PCB）含量（质量分数，mg/kg）</td><td colspan="5">检测不出[n]</td><td>SH/T 0803</td></tr>
</table>

注 1．“无通用要求”指由供需双方协商确定该项目是否检测，且测定限值由供需双方协商确定。

2．凡技术要求中的“无通用要求”和“由供需双方协商确定是否采用该方法进行检测”的项目为非强制性的。

[a] 对绝缘和冷却有影响的性能。

[b] 运动黏度（−40℃）以第一个黏度值为测定结果。

[c] 当环境湿度不大于 50%时，水含量不大于 30mg/kg 适用于散装交货；水含量不大于 40mg/kg 适用于桶装或复合中型集装容器（IBC）交货。当环境湿度大于 50%时，水含量不大于 35mg/kg 适用于散装交货；水含量不大于 45mg/kg 适用于桶装或复合中型集装容器（IBC）交货。

[d] 经处理油指试验样品在 60℃下通过真空（压力低于 2.5kPa）过滤流过一个孔隙度为 4 的烧结玻璃过滤器的油。

[e] 测定方法也包括用 SH/T 0604。结果有争议时，以 GB/T 1884 和 GB/T 1885 为仲裁方法。

[f] 测定方法也包括用 GB/T 21216。结果有争议时，以 GB/T 5654 为仲裁方法。

[g] 受精制深度和类型及添加剂影响的性能。

[h] 将样品注入 100mL 量筒中，在 20℃±5℃下目测。结果有争议时，按 GB/T 511 测定机械杂质含量为无。

[i] 测定方法也包括用 GB/T 11140、GB/T 17040、SH/T 0253、ISO 14596。

[j] SH/T 0804 为必做试验。是否还需要采用 GB/T 25961 方法进行检测由供需双方协商确定。

[k] 测定方法也包括用 SH/T 0792。结果有争议时，以 SH/T 0802 为仲裁方法。

[l] 在使用中和/或在高电场强度和温度影响下与油品长期运行有关的性能。

[m] 与安全和环保有关的性能。

[n] 检测不出指 PCB 含量小于 2mg/kg，且其单峰检出限为 0.1mg/kg。

虽然矿物绝缘油具有良好的电气绝缘性能，但是其燃点相对较低，大约在160℃。当变压器过热或内部短路故障时，矿物绝缘油变压器可能会发生火灾或爆炸事故，无法满足矿山、军事设施以及高层建筑等场所对消防、安全的要求。近年来，随着人们生活水平的提高，用电量不断攀升，矿物绝缘油变压器着火事件不断发生，给人们的财产和人身带来了极大的安全隐患。

同时矿物绝缘油是一种非环保型液体绝缘材料，生物降解率低于30%，泄漏后极易对周边环境造成污染。液浸式电力变压器，尤其是配电变压器，广泛分布在都市人口密集区（城中村）、农村、水源附近、城市街道等地方，如果发生泄漏将会严重污染环境。2009年，俄罗斯萨扬–舒申斯克水电站发生重大事故，近百吨矿物绝缘油泄漏，造成叶尼赛河流域严重污染。

此外，矿物绝缘油的介电常数较低，约为绝缘纸介电常数的1/2，在电场的作用下，油隙就成为油纸绝缘的薄弱环节。当变压器负载波动较大或是过载时，电场强度最大处的油隙就会发生局部放电，降低油纸绝缘的电气性能，进而导致变压器发生故障。

二、高燃点绝缘油

随着近年来经济的高速发展，人们对消防安全的要求越来越高，作为不可再生资源的矿物绝缘油已经无法满足高防火性能高电压设备的设计和制造要求。从使用环境的安全、健康方面来说，要求绝缘油的燃点和闪点高，耐火性能好。为了满足矿山、矿井、军事设施及高层建筑等场所对消防安全的需要，寻找高燃点绝缘油来替代普通矿物绝缘油一直是人们研究的方向。

高燃点绝缘油是由于矿物绝缘油防火性能低而发展起来的，因此会有一定要求：

（1）无毒，对人体和环境无害。

（2）与液浸式变压器所用的材料相容。这些材料包括金属（硅、钢片、铜、铝、锡等）、橡胶（天然橡胶、异丁烯橡胶、氯丁橡胶、氟橡胶）、绝缘纸、绝缘纸板、聚酯亚胺、聚四氟乙烯、环氧树脂等。

（3）其电气性能和热稳定性均与矿物绝缘油相近，不致影响变压器的绝缘和冷却性能。

（4）对于高燃点难燃油，通常要求其燃点不低于 300℃。

（5）最好具有再重装的性能。一台已注充矿物绝缘油的变压器，在放油后大约有 5%的残油留在铁芯和绕组中。当用高燃点绝缘油取代变压器中的矿物绝缘油时，变压器必须采用一定的措施进行清洗以除去剩余的微量矿物绝缘油。如果未经清洗，则剩余的油可能会降低高燃点绝缘油的燃点和电气性能，甚至达到不能接受的程度。

1929 年英国斯旺公司发明了 Askarel 不燃油，其主要成分是聚氯联苯（PCB）。PCB 是多氯化联苯异构体的复杂混合物，介电强度比矿物绝缘油高，且在高温下不易劣化，具有很高的化学稳定性和电气绝缘强度。浸渍聚氯联苯的纸和纸板的交流耐压强度比浸渍矿物绝缘油的纸和纸板高，但是冲击强度低。聚氯联苯中的水分会大大降低其绝缘强度。

20 世纪 60 年代，人们发现聚氯联苯在安全使用方面有环保问题，促使世界各国开始禁止使用和销售应用 PCB 的各种设备。在研究 PCB 替代油的过程中，世界各国进行了大量的研究。

20 世纪 70 年代美国发明的硅油为有机硅液体，燃点高达 300℃，具有自熄灭的特性，电气性能和热稳定性均优于矿物绝缘油。1977 年英国 M&I 材料公司研发出难燃的 Midel 7131 合成酯，80 年代初英国开发了 Formel 难燃油，美国 DSI 公司近年来也陆续开发了石油类难燃油，包括 α 油、β 油、聚 α 烯烃等系列产品，其燃点均高于 300℃，各项性能指标与矿物绝缘油相当。

高燃点绝缘油最大的特性就是燃点高，通常不低于 300℃，有较低的起火焰性，不扩展火灾；可有效抑制电弧着火或燃烧，能将火灾风险降至极低，发生火灾和爆炸的风险远低于传统的矿物绝缘油变压器，具有良好的应用和发展前景。美国、英国和日本等国家已经将高燃点绝缘油变压器广泛应用于防火要求高的场所。我国的 GB 50016《建筑设计防火规范》中明确规定普通的液浸式变压器不能用于安全、防火要求高的高层建筑内。目前，我国安全、防火性能要求高的场所都选用干式变压器。

（一）硅油

硅油是指分子中含有［—Si—O—］为骨架的线性低分子量聚硅氧烷液体化合物。目前适合变压器用的硅油主要有甲基葵基聚硅氧烷、甲基十二烷基硅氧烷、甲基乙基硅氧烷和聚二甲基硅氧烷，其中甲基十二烷基硅氧烷使用较多。

硅油稳定性高于普通矿物绝缘油，具有良好的热性能（见表1-3），燃点高达 400℃左右。硅油燃烧时放热的速度大大低于烃类油，而且燃烧时液体的上部会形成一层二氧化硅覆盖物，减少液体和氧气的接触，导致火自动熄灭，因此硅油具有自熄灭的功能。

表 1-3　　石油类的可燃值

序号	介质	可燃值（UL 试验室测定值）
1	水	0
2	R-113（氟利昂）	0
3	聚氯联苯	1～2
4	硅油	4～5
5	矿物绝缘油	20～30
6	煤油	30～40
7	乙醇	60～70
8	汽油	90～100
9	乙醚	100

硅油的介质损耗较小，且随着温度和频率的变化改变也相对较小。硅油的击穿电压值较低，一般只有 35～40kV，而且发生击穿后形成的碳粒很难下沉。硅油容易吸潮，吸潮之后其介质损耗和介电常数增大，绝缘电阻和电气强度降低。

硅油黏度较大，不利于散热，但由于其热膨胀系数比矿物绝缘油高约 40%，对流能力相对较强。另一方面，由于其热膨胀系数大，所以硅油变压器的储油柜比矿物绝缘油变压器储油柜容积要大。

此外，硅油和变压器常用的绝缘材料（绝缘纸、绝缘纸板、聚乙烯、Nomex 纸等）具有良好的相容特性，因此可以将变压器中注入硅油而不改变变压器的结构。但是硅油可以从某些成分的天然橡胶和异丁烯橡胶中吸取其增塑剂，在使用前需要先进行材料相容性试验。硅油与黄铜、硅橡胶不相容。硅油和其他绝缘油的典型性能见表 1-4。

表 1-4　　硅油和其他绝缘油的典型性能

绝缘介质		硅油	矿物绝缘油	聚氯联苯
化学	化学名称	聚二甲基硅氧烷	石蜡基或环烷基碳氢化合物	5 氯联苯+3 氯苯
	分子结构式	$[(CH_2)_2SiO]_n(CH_3)_2$	C_nH_m	$C_{12}H_5Cl_5\&C_6H_3Cl_3$
绝缘性能	击穿电压（kV）	40	40	40
	介电常数	2.7	2.2	4.3
	介质损耗因数（25℃/100℃）	0.0001/0.0015	0.0004/0.009	0.0003/0.04
	体积电阻率（25℃，Ω·cm）	1.0×10^{15}	1.0×10^{12}	5.0×10^{12}
热性能	倾点（℃）	−55	−57	−37
	热导率[W/(m²·℃)]	0.1626	0.1310	0.1265

续表

绝缘介质		硅油	矿物绝缘油	聚氯联苯
热性能	比热容［25℃，J/(kg·℃)］	1713	1870	1256
	热膨胀系数（1/℃）	0.00104	0.00076	0.0007
物理性能	密度（25℃，g/cm^3）	0.960	0.875	1.525
	界面张力（mN/m）	16.8	40	40.5
	黏度（25℃/50℃，mm^2/s）	50/32	16/8	15/8
	闪点（℃）	300	150	195
	着火点（℃）	343	160	无
	燃烧时主要分解产物	SiO_2、H_2、CO、CO_2、H_2O、CH_n	H_2、CO、CO_2、H_2O、CH_n	HCl、C、CO、CO_2、H_2O、CH_n、Dioxins、呋喃

自从20世纪70年代美国发明硅油以来，相应的硅油变压器产量已超过3万台。但是由于其生物降解性差，且国内售价过高，货源有限，从而限制了国内硅油变压器的推广应用。

（二）Midel 7131合成酯绝缘油

Midel 7131合成酯是一种用于变压器及类似电力设备的高燃点绝缘油，由英国M&I材料公司研发。Midel 7131合成酯满足IEC 61099《绝缘液体　用于电气的未使用合成有机酯规范》（*Insulating liquids-Specifications for unused synthetic organic esters for electrical purposes*）的要求。它被归为T1类型，化学成分为季戊四醇聚酯，主要特性见表1-5。

表1-5　　Midel 7131合成酯绝缘油主要特性参数

特性	测试方法	要求值	典型值	单位
物理特性（根据IEC 61099）				
颜色	ISO 2211	≤200	125	HU

续表

特性		测试方法	要求值	典型值	单位
外观		IEC 61099，9.2	干净、无悬浮物及无沉淀物	干净、无悬浮物及无沉淀物	—
密度（20℃）		ISO 3675	≤1.00	0.97	kg/dm^3
运动黏度	40℃	ISO 3104	≤35.0	28	mm^2/s
	−20℃		≤3000	1440	
闪点		ISO 2719	≥250	260	℃
燃点		ISO 2592	≥300	316	℃
折射率（20℃）		ISO 5661	厂商提供值的±0.01	1.4555	—
倾点		ISO 3016	≤−45	−56	℃
结晶		IEC 61099，9.9	无结晶	无结晶	—
化学特性（根据 IEC 61099）					
含水量		IEC 60814	≤200	50	mg/kg
酸值（以 KOH 计）		IEC 62021-3 或 IEC 62021-2	≤0.03	0.018	mg/g
氧化安定性	总酸值（以 KOH 计）	IEC 61125 C	≤0.3	0.02	mg/g
	油泥总含量		≤0.01	0	%（质量）
低热值		ASTM D 240-02	≤32	31.6	MJ/kg
电气特性（根据 IEC 61099）					
击穿电压		IEC 60156	≥45	75	kV
介质损耗因数（90℃）		IEC 60247	≤0.03	0.008	—

Midel 7131 为无毒透明液体，可自行生物降解，被德国联邦环境署 UBA 归为“对水质无危害”类。其燃点高达 300℃以上，为矿物绝缘油的 1.7 倍，且具有较低的净生热值，因此根据 IEC 61100 被分为 K3 类液体。与矿物绝缘油相比，Midel 7131 尽管黏度较大，但是比热和导热性好，热膨胀小，因此冷却性能与矿

物绝缘油相当。此外，Midel 7131 与传统的液浸式变压器中使用的任何绝缘材料都具有良好的相容性。

目前，国内并没有厂商生产合成酯类绝缘油，由于其价格昂贵，国内仅有少数 Midel 7131 合成酯绝缘油变压器挂网运行。

（三）Formel 绝缘油

Formel 绝缘油为四氟乙烯、三氟乙烷、二氟乙烷和二氟己烷的混合物，是英国 20 世纪 80 年代初开发的不燃液体绝缘介质，对人体没有毒性，在电气、环保和生物降解方面性能优良，主要特性见表 1-6。

表 1-6　　Formel 绝缘油典型特性

序号	项　　目	典　型　值
1	燃点（℃）	不着火
2	TLV（$\times10^{-6}$）	50
3	击穿电压（kV）	70
4	介质损耗因数（23℃）	0.001
5	体积电阻率（Ω·cm）	10^{14}
6	沸点（℃）	102
7	凝点（℃）	–33
8	密度（kg/L）	1.62
9	黏度（Pa·s）	0.884
10	热膨胀系数（1/℃）	1.072×10^{-3}

我国早在 1988 年就成功研制了 S12 型 Formel 绝缘油配电变压器，容量为 1000～1600kVA，电压等级为 6～11kV。但是由于其价格较高，且来源困难，未能在国内推广使用。

（四）α 绝缘油

α 绝缘油为美国 DSI 公司生产，以合成碳氢化合物为基础，具有良好的低温流动性和传热能力，不含危险或有毒物质，不含致癌物质，易于生物降解。

它与变压器用绝缘材料都相容，膨胀系数为普通矿物绝缘油的1.1倍，闪点和燃点比较高，几乎是普通矿物绝缘油的2倍，主要性能见表1-7。

表1-7　α绝缘油主要性能

序号	参数		典型数据
1	密度（kg/L）	–40℃	0.886
		65℃	0.811
2	运动黏度（m^2/s）	–40℃	3.2650×10^{-2}
		–20℃	2.980×10^{-3}
		0℃	5.10×10^{-4}
		20℃	1.23×10^{-4}
		40℃	0.629×10^{-4}
		60℃	0.265×10^{-4}
3	闪点（开口杯）（℃）		264
4	燃点（开口杯）（℃）		304
5	自燃温度（℃）		390
6	体积膨胀系数（20℃，1/℃）		0.00073
7	完全燃烧的产物		CO_2、H_2O
8	不完全燃烧的产物		CO_2、H_2O、CO
9	电弧的产物		C_2H_2
10	电弧放出的气体量		$50cm^3$/（kW·s）总电弧能量（约比矿物绝缘油少8.5%）
11	介电常数	20℃	2.12
		100℃	2.06
12	冲击击穿电压（kV）		73
13	电阻率（Ω·cm）	20℃	1.1×10^{14}
		100℃	4.0×10^{14}

续表

序号	参数		典型数据
14	比热容［J/（kg·℃）］	20℃	2569
		70℃	2788
		100℃	2917
15	热导率［W/（m·℃）］	20℃	0.136
		100℃	0.120
16	含水量（mg/kg）		≤35

α 绝缘油分为两种：α-1 和 α-2。α-1 绝缘油是 100%碳氢化合物合成油，具有良好的电气性能、热传导性能和低温流动性，黏度中等，比矿物绝缘油、有机酯、Midel 7131 高，但是比硅油低，可以满足有载分接开关（TPC）的要求，与矿物绝缘油相容，与矿物绝缘油相容的材料具有良好的相容性，生物降解度高，不会引起环境污染。相对于矿物绝缘油，α-1 绝缘油可以有效提高变压器的防火能力。

α-2 绝缘油适宜在温度很低的条件下运行，黏度很低，在−70℃条件下仍然能保持良好的流动性；在含有添加剂的情况下可以在 150℃的条件下运行。α-2 绝缘油与常规的变压器绝缘材料均有良好的相容特性，其优点是可以重复填装。

目前，许多变压器制造商已采用 α-1 绝缘油，如 ABB、B&B、Interstat、Ferranti、Jimllco、Kuhlman Neeltran 及 Tennesee 公司等，目前产品用户主要在南、北美洲及欧洲。

（五）β 绝缘油

β 绝缘油全称为 Bate Fluid 高燃点绝缘液，是一种提高变压器安全性的绝缘介质，能够有效抑制电弧着火及燃烧，符合 ASTM D 5222《石油起源高燃点电绝缘油的标准规范》（*Standard Specification for High Fire-Point Mineral Electrical Insulating*

Oils）。β 绝缘油是从 100%碳氢化合物石油中精炼得到的，可生物降解并且没有毒性，不会在环境中长期聚集而造成污染。它与变压器结构中的所有材料都具有良好的相容性，燃点高达 308℃，几乎是矿物绝缘油的两倍，且具有较高的绝缘强度，介电常数达到 2.2，与普通矿物绝缘油相当。它的性能与 α 绝缘油相似，两者的性能对比见 1-8。

表 1-8　　α 绝缘油与 β 绝缘油典型性能对比

序号	性　能　指　标	α-1 绝缘油	α-2 绝缘油	β 绝缘油
1	黏度（100℃，mm^2/s）	8.48	3.8	12.2
2	密度（kg/dm^3）	0.83	0.86	0.86
3	倾点（℃）	−54	−70	−21
4	外观	清澈	清澈	淡黄
5	击穿电压（kV）	56	55	55
6	介质损耗因数（100℃）	0.001	0.001	0.003
7	酸值（以 KOH 计，mg/g）	0.01	0.01	0.01
8	燃点（℃）	308	250	308

β 绝缘油的凝点为−24℃，但是在实际应用中发现，当温度在−10℃时，其就已经变得很黏稠了，几乎不能流动，所以其使用温度应该在−10℃以上，以保证绕组和铁芯的散热能力。此外，β 绝缘油与矿物绝缘油具有相同的膨胀系数，但是其黏度明显高于普通矿物绝缘油，散热能力也比普通矿物绝缘油低 10%，所以应在变压器油道和散热结构设计上予以重视。

β 绝缘油经过处理后可以循环使用，但是其价格约为普通矿物绝缘油的 5 倍。

三、植物绝缘油

作为一种能够替代矿物绝缘油的新型高燃点环保型液体绝缘介质，植物绝缘油（天然酯绝缘油）由天然的油料作物经压榨、精炼和改性等工艺制得，理化、电气性能良好，完全能够满足电力用油的要求（主要性能见表 1-9），且具有以下突出特点：

表 1-9　　植物绝缘油典型性能参数

序号	参　　数	单　位	植物绝缘油
1	酸值（以 KOH 计）	mg/g	0.0189
2	运动黏度（40℃）	mm^2/s	33.8
3	闪点	℃	328
4	燃点	℃	358
5	腐蚀性硫		无
6	击穿电压	kV	75
7	介质损耗因数（90℃）	%	0.436
8	膨胀系数	1/℃	0.00074
9	比热（25℃）	kJ/（kg·℃）	1.88
10	导热系数（25℃）	W/（m·K）	0.167
11	生物降解度（28d）	%	97

（1）绿色环保可降解：在土壤中，28 天时的自然降解率达到 95%以上，即使泄漏也不会对周边造成环境污染，对自然界生物、人类及环境无毒无害，根据 UBA 可将其分类为无水性危险的产品。

（2）节约能源可再生：来源于各种植物种子，生长周期短，原材料来源广且可再生，可以减少对石油产品的依赖与使用，可以避免因石油产量日益降低而带来的能源紧缺问题，在一定程度上缓解石油资源危机。

（3）防火安全性能高：燃点高于 300℃，净热值小于 42MJ/kg，已达到 IEC 61039 中 K2 级液体的标准，防火安全性能突出，可以有效降低火灾防护成本，对生态和人类的生存环境都更安全，特别是对消防安全较敏感的单位，如工商业大楼、办公楼、科研院所、矿山、矿井、军事设施等都是理想的选择。

（4）电气绝缘性能优良：介电性能良好，击穿电压可以达到70kV 以上，达到了 220kV 及以上电压等级变压器用绝缘油的标准，运行更安全，有利于优化变压器油纸绝缘系统的结构设计。

（5）饱和含水量高，吸湿性强：植物绝缘油的饱和含水量远远大于矿物绝缘油。矿物绝缘油含水量大于 50mg/kg，绝缘强度急剧下降，而植物绝缘油含水量达到 500 mg/kg 以上才会出现电气性能不能满足相关要求的现象。良好的吸湿特性使得植物绝缘油能够有效吸收绝缘纸板中的水分，保持纤维素干燥，进而减缓变压器绝缘材料的老化速度，而且在一定程度上含水量的增加，对植物绝缘油的绝缘性能几乎没有影响，有利于延长变压器的使用寿命。

（6）相对于矿物绝缘油，植物绝缘油的介电常数与绝缘纸的介电常数更接近，植物绝缘油纸绝缘系统中绝缘油与绝缘纸在交流电场中的电场分布更加均匀，油纸绝缘中油纸组合可有效延缓绝缘的老化速率，延长油纸绝缘的寿命。

此外，经过良好的变压器设计及运行维护，植物绝缘油能大大提高变压器的过负荷能力，过负荷条件下长期运行不会影响变压器的寿命和性能，运行成本远远低于矿物绝缘油变压器和浇注干式变压器。可见，作为在耐高温和环保领域内替代矿物绝缘油的新型液体电介质，植物绝缘油已成为绝缘材料领域的一个研究热点，具有良好的发展前景。

第三节　植物绝缘油发展与应用现状

一、植物绝缘油发展现状

植物绝缘油用作液体电介质的研究与矿物绝缘油的研究是同期开始的。1962 年 F M Clark 将蓖麻油和棉花籽油用于电容器中，发现该液体电介质拥有比矿物绝缘油更高的介电常数，并且与纤维纸板更匹配，其组成的绝缘系统使电场分布更均匀。1971年，印度研究人员 K M Kamath 等开展了椰子油、氢化蓖麻油和花生油用作绝缘液体的试验研究，并于 1974 年报道了在蓖麻绝缘油和棉花籽绝缘油处理方面的工作，认为蓖麻油是电力电容器的更佳选择。1985 年，美国专利局授权发布了描述使用大豆油和添加剂用于电容器的专利。但是由于凝点高、抗氧化性能差、黏度大等性能缺陷，植物绝缘油未能有效的推广使用，其用途也仅仅局限于电力电容器。

随着矿物绝缘油大量使用后对环境造成的危害日益显现及人们环保意识的逐渐加强，1990 年美国颁布环保法令，严禁矿物绝缘油泄漏对环境造成污染。为解决日益重要的环保问题和满足可持续发展的要求，开发绿色环保的新型液体电介质成为研究的热点，植物绝缘油的研究再次受到了重视。

1999 年 ABB 公司在美国申请了 BIO TEMP®型植物绝缘油的专利，并生产出第一个商品名为“BIO TEMP”的植物绝缘油。2000 年总部位于美国威斯康辛州密尔沃基的 Cooper 公司开发出 Envirotemp FR3®植物绝缘油（2012 年 Cooper 公司将 FR3 系列产品知识产权出售给 Cargill 公司）。此外，还有 M&I MATERIALS 公司研制的 MIDEL eN，日本 AE 帕瓦株式会所研制的棕榈油 Plam Fatty Acid Ester（PFAE） 等，其典型性能参数见表 1-10。

表 1-10　　国外植物绝缘油典型性能参数

参数	BIO TEMP	Envirotemp FR3	MIDEL eN	PFAE
外观	清澈、透明	清澈、亮绿色	清澈、透明	清澈、透明
密度（20℃，g/cm^3）	0.919	0.923	0.92	0.86
运动黏度（40℃，mm^2/s）	41.4	34	37	5.06
闪点（℃）	328	326	327	186

续表

参数	BIO TEMP	Envirotemp FR3	MIDEL eN	PFAE
燃点（℃）	358	362	360	—
凝点（℃）	–12	–20	–31	–32.5
酸值（以 KOH 计，mg/g）	0.02	0.023	0.028	0.005
介质损耗因数（90℃，%）	2.34	2	2.55	0.31（80℃）
击穿电压（kV）	68	73	78	81
含水量（mg/kg）	24	30	45	15

目前研究表明，相对于矿物绝缘油，植物绝缘油可以使绝缘纸的寿命提升 8 倍，同时还节约了近 15%的液体绝缘介质和 3%的变压器制造材料，这使得大型植物绝缘油变压器具有更好的环保性、更高的防火级别、更小的体积和更低的维护成本。

我国变压器行业发展初期由于受到当时国内石油开采和提炼技术的限制以及国外进口石油的严格管控，无法有效获得矿物绝缘油并应用于电力设备中，因此 20 世纪 50 年代初我国液浸式变压器生产首先选用以大豆油为主的植物绝缘油。但是植物绝缘油同样受到当时精炼、改性等工艺的技术限制，其理化和电气性能不能完全符合绝缘油的标准要求，且原材料匮乏，因此进一步限制了植物绝缘油的发展应用。随着石油开采和精炼技术的快速发展，基于石油为原材料提炼的矿物绝缘油作为绝缘介质逐渐被应用到电力设备中，植物绝缘油迅速地被矿物绝缘油取代。

随着人们生活水平的提高和消防、环保意识的增强，国内植物绝缘油的研究同样再次得到了重视，但是由于国外的技术壁垒和价格垄断，植物绝缘油在国内发展比较缓慢，早期只是对植物绝缘油的改性制取、理化电气性能和油纸绝缘老化等方面展开了一些理论和试验研究，并不具备规模化生产能力。

近年来，重庆大学、武汉大学、西安交通大学等高校，中国电力科学研究院、国网河南省电力公司电力科学研究院等科研院所，以及湖北泽电新能源科技有限公司、河南恩湃高科集团有限公司、广东卓原新材料科技有限公司等企业分别展开了植物绝缘油的相关研究工作，植物绝缘油在制备方法、电气理化性能研究、油纸绝缘寿命、植物绝缘油变压器设计、植物绝缘油变压器运行维护及故障诊断方法等方面都已取得了较大的突破。

2014 年，国网河南省电力公司电力科学研究院、重庆大学及河南恩湃高科集团有限公司联合建设了国内首个拥有完全独立自主知识产权的植物绝缘油全自动 PLC 批量化工业生产线（见图 1-1），年生产能力达到了 1500t，生产的 NP 植物绝缘油产品性能完全满足 IEEE Std C57.147™、ASTM D 6871 及 IEC 62770 等标准的要求，打破了国外在植物绝缘油领域对我国的技术壁垒和价格垄断，这对于植物绝缘油这一新技术、新材料在我国的推广应用具有重要意义。

此外，国内的植物绝缘油产品主要还有重庆大学研制的 RDB，湖北泽电新能源科技有限公司研制的 Vins Oil 及广东卓原新材料科技有限公司研制的 RAPO 等，其主要性能见表 1-11。

图 1-1　国网河南省电力公司电力科学研究院植物绝缘油精炼生产线

表 1-11　　国内植物绝缘油典型性能参数

参数	NP	RDB	RAPO
外观	清澈、透明	清澈、透明	清澈、透明
密度（20℃，g/cm^3）	0.916	0.90	0.918
运动黏度（40℃，mm^2/s）	32.90	34	36.07
闪点（℃）	319	325	322
燃点（℃）	358	360	357
凝点（℃）	−20	−18	−27
酸值（以 KOH 计，mg/g）	0.019	0.03	0.024
介质损耗因数（%）	0.439（90℃）	2（90℃）	1.37（100℃）
击穿电压（kV）	80	73	72

二、植物绝缘油应用现状

国外植物绝缘油变压器的研制开始于 20 世纪 90 年代，ABB 公司及美国 Cooper 公司先后研制了植物绝缘油变压器，并且在制造和运行方面积累了大量经验。Alstom Grid 采用 FR3 植物绝缘油成功研制出 245kV 植物绝缘油电力变压器，已在巴西成功挂网运行。2001～2007 年，美国 Alliant Energy 公司陆续将 14 台运行时间不同的矿物绝缘油变压器中的矿物绝缘油更换为 FR3 植物绝缘油，其中最大的一台为 200MVA/161kV 的发电机升压变压器。2005～2013 年，美国 wankeeha electric systems 公司生产的 110～220kV 电压等级植物绝缘油变压器在全球挂网运行至少 100 台。2009 年，日本富士电机公司联合 AE 帕瓦株式会社、狮王株式会社以低成本、低黏度的棕榈油为基础联合开发出了棕榈绝缘油变压器。

2014 年，西门子公司研制的 420kV 植物绝缘油变压器（见图 1-2）在 Bruchsal-Kändelweg 变电站调试成功并投入运营。这台全球首台 420kV 超高压植物绝缘油变压器使用 Cargill 公司的

FR3 植物绝缘油作为绝缘介质，用于连接 380kV 高压层和下游配电网运营商的 110kV 电网，其功率可以达到 300MVA。

图 1-2　420kV 植物绝缘油变压器

目前，全球在运行的以植物绝缘油作为绝缘介质的液浸式变压器已超过 100 万台，主要分布在美国、加拿大、英国、法国、西班牙、意大利、希腊、土耳其、澳大利亚、日本、韩国、新加坡、印度尼西亚、菲律宾、马来西亚、巴西、中国香港、中国澳门、中国台湾等 30 余个国家与地区，使用量占总应用数的 95% 以上，主要应用于电网、新能源、海洋风电、石油、铁路等不同行业，在配电变压器中已获得了良好的工程应用，现已逐步开始应用于大型电力变压器中。

国内植物绝缘油变压器的研制相对较晚。2010 年重庆大学与国网河南省电力公司电力科学研究院联合研制出 10kV 植物绝缘油（山茶籽绝缘油）配电变压器并成功挂网运行，至今运行效果良好。2014 年，西安交通大学与广东卓原新材料科技有限公司合作研发的 RAPO 植物绝缘油被 ABB 应用到 10kV 变压器中，并在渭南挂网运行；国网武汉南瑞有限公司研制的 PD2000 环保型植物绝缘油配电变压器通过了产品鉴定，并于 2015 年挂网运行。

2015 年国网河南省电力公司电力科学研究院、沈阳变压器研究院股份有限公司及江苏华鹏变压器有限公司采用国产NP植物绝缘油联合研制了SW-10000/35植物绝缘油电力变压器（见图1-3），该变压器的成功研制标志着我国植物绝缘油变压器国产化进程上升到一个新阶段。目前，全国已有约1000台植物绝缘油变压器挂网运行。

图1-3　SW-10000/35植物绝缘油电力变压器

2017年，广东电网公司广州供电局联合重庆大学、广东电网公司电力科学研究院、广州西门子变压器有限公司等企业、院校共同完成了110kV植物绝缘油变压器最终设计方案（见图1-4），并在沈阳变压器研究院股份有限公司变压器实验室（国家变压器质量监督检验中心）见证下顺利通过型式试验考核，且已于2018年初挂网运行，宣告我国第一台植物绝缘油大型电力变压器研制成功，这对于植物绝缘油变压器在我国的应用与推广起到了巨大的示范效应和推动作用。

将植物绝缘油作为绝缘介质用于电力设备，特别是用于变压器设备，将会赋予其节能环保、高燃点、低噪声、长寿命等性能优势，有效解决配网“返乡高负荷”等难题。相比来源于石油产品的矿物绝缘油，将大量减少石油资源的使用，大幅提高节能减排的效果。

图 1-4　110kV 植物绝缘油电力变压器

随着新一代电网对电力设备环保性要求的提高，植物绝缘油电力变压器将在电网广泛应用，其已成为先进电力装备制造业发展方向之一。植物绝缘油配电变压器已被列入了国务院《中国制造 2025》重点领域技术路线图、国家三部委联合印发的《配电变压器能效提升计划》、国家发改委《国家重点节能低碳技术推广目录》、《国家电网公司 2017 年重点推广新技术目录》及中国电机工程学会联合国家电网公司及南方电网公司发布的《2016 年电力新技术目录（电网部分）》，这给植物绝缘油及变压器的推广应用开启了良好的开端。在全面提倡低碳环保的今天，在石油资源日益枯竭的形势下，植物绝缘油替代矿物绝缘油作为电气设备的绝缘介质可以说具有极其深远的意义，同时也符合我国节能减排、低碳经济和绿色智能电网的发展要求。

第二章

植物绝缘油原油组成及选择

在植物绝缘油炼制工艺中，经压榨、浸出或其他方法制得的未经精炼的植物油称为原油，其主要成分为脂肪酸甘油三酯（也称三酰基甘油或甘三酯）。构成甘油三酯的脂肪酸种类、碳链长度、不饱和度（双键的多少）、分子几何构型及脂肪酰基与甘油三个羟基的结合位置等因素都会对植物绝缘油的性能起到重要的作用。

脂肪酸甘油三酯可以认为是由一个甘油分子与三个脂肪酸分子缩合而成，式（2-1）中 R_1、R_2、R_3 表示不同的脂肪酸基团。

$$\begin{array}{l} CH_2-OH \quad R_1COOH \\ | \\ CH-OH + R_2COOH \end{array} \longrightarrow \begin{array}{l} CH_2-COOR_1 \\ | \\ CH-COOR_2 + 3H_2O \\ | \\ CH_2-COOR_3 \end{array} \tag{2-1}$$

$$\begin{array}{l} | \\ CH_2-OH \quad R_3COOH \end{array}$$

此外，原油中还存在多种非脂肪酸甘油三酯的成分，这些成分统称为杂质，其种类和含量因原油的品种、产地、制取方法、贮藏条件的不同而不同。根据杂质在原油中的分散状态，可将其划分为机械杂质、水分、胶溶性杂质、脂溶性杂质及其他杂质，主要组成见图 2-1。

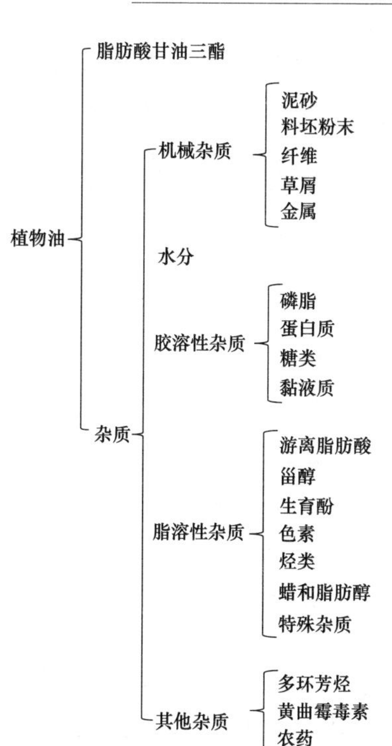

图 2-1　植物绝缘油原油组成

第一节　脂　肪　酸

脂肪酸属于脂肪族的一元羧酸，只有一个羧基和一个烃基。原油中所含的脂肪酸绝大部分为偶碳直链的，极少数为奇数碳链和具有支链的酸。脂肪酸碳链中不含双键即为饱和脂肪酸，含有双键即为不饱和脂肪酸，不饱和脂肪酸根据碳链中所含双键的多少，分为一烯酸、二烯酸、三烯酸和三烯以上的多烯脂肪酸。

天然存在的不饱和脂肪酸除少数为共轭酸和反式酸外，大部分都是顺势结构的非共轭酸。天然脂肪酸的碳链长度范围很广（C_2～C_{30}），但是常见的只有 C_{12}、C_{14}、C_{16}、C_{18}、和 C_{20} 几种，其他的脂肪酸含量很少。碳链长度、饱和程度以及顺反结构有差异的脂肪酸，其物理、化学性质也不相同，组成的脂肪酸甘油三酯的性质也不相同。因此，植物绝缘油的性质和用途很大程度上由其脂肪酸组成来决定。

一、饱和脂肪酸

植物原油中的主要饱和脂肪酸及主要来源见表 2-1。其中棕榈酸（$C_{16:0}$）和硬脂酸（$C_{18:0}$）两种饱和脂肪酸的分布最广，存在于所有植物原油中。

表 2-1 植物油中的主要饱和脂肪酸

序号	名称	速记符	结构式	主要来源
1	十二碳酸（月桂酸）	$C_{12:0}$	$CH_3(CH_2)_{10}COOH$	椰子油、棕榈仁油
2	十四碳酸（豆蔻酸）	$C_{14:0}$	$CH_3(CH_2)_{12}COOH$	肉豆蔻种子油
3	十六碳酸（棕榈酸）	$C_{16:0}$	$CH_3(CH_2)_{14}COOH$	所有植物油
4	十八碳酸（硬脂酸）	$C_{18:0}$	$CH_3(CH_2)_{16}COOH$	所有植物油

二、不饱和脂肪酸

植物原油中含有大量的不饱和脂肪酸，且大多都是偶数碳原子，所含双键多是顺式结构，二烯以上的不饱和脂肪酸除少数为共轭酸外，大部分为顺势结构的非共轭酸。双键位置也多位于脂肪酸碳链的第九个和第十个碳原子之间。

（一）一烯酸

一烯酸也称为单不饱和脂肪酸，是指脂肪酸碳链中含有一个双键的脂肪酸，比相应的饱和脂肪酸少两个氢原子，其通式为 $C_nH_{2n-2}O_2$。一烯酸在自然界中分布很广，其中油酸（$C_{18:1}$）最具有代表性，几乎存在于各种植物油中，其分子结构式见图 2-2。

（二）二烯酸

二烯酸也称为双不饱和脂肪酸，具有两个双键，比相应的饱和脂肪酸少四个氢原子，其通式为 $C_nH_{2n-4}O_2$。二烯酸中，最常见的是亚油酸（$C_{18:2}$），存在于多种植物油中，在大豆油、芝麻油、玉米油中含量可以达到 40%～60%，葵花油中达到 60%，个别植物油如红花油及烟草籽油中含量高达 75%，其分子结构式见图 2-3。

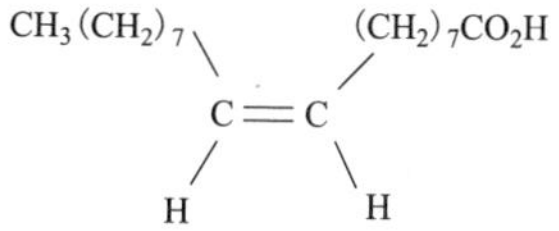

$CH_3(CH_2)_7$—CH=CH—$(CH_2)_7CO_2H$（两个 H 位于双键同侧）

图 2-2　油酸分子结构式

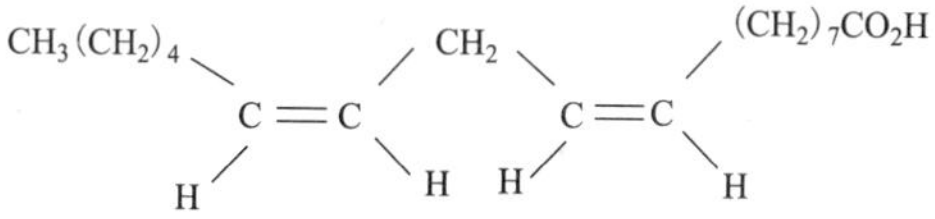

$CH_3(CH_2)_4$—CH=CH—CH_2—CH=CH—$(CH_2)_7CO_2H$

图 2-3　亚油酸分子结构式

（三）多烯酸

具有三个或三个以上双键的脂肪酸称为多烯酸，也称为多不饱和脂肪酸。植物油中的多烯酸以非共轭型三烯酸为主。三烯酸（$C_{18:3}$）比相应的饱和脂肪酸少六个氢原子，其通式为 $C_nH_{2n-6}O_2$。植物油中的三烯酸以非共轭性为主，非共轭三烯酸以亚麻酸为代表，其在菜籽油、大豆油中的含量约 10%，亚麻籽油含量为 40%～65%，最常见的是顺-9，顺-12，顺-15-十八碳三烯酸，俗称 α-亚麻酸，其分子结构式见图 2-4。

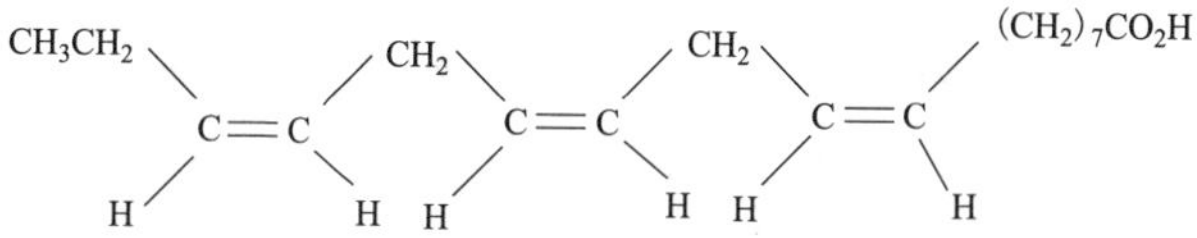

CH_3CH_2—CH=CH—CH_2—CH=CH—CH_2—CH=CH—$(CH_2)_7CO_2H$

图 2-4　α-亚麻酸分子结构式

植物油中以油酸和亚油酸最为丰富，饱和脂肪酸低于 20%，主要的植物油有菜籽油、山茶籽油、花生油、棉籽油、向日葵油、玉米油、大豆油等。

第二节 杂　　质

一、机械杂质

靠植物原油的黏度、悬浮力或机械搅拌，以悬浮状态存在于植物原油中的杂质统称为机械杂质，也称为悬浮杂质，例如泥砂、料坯碎屑、草杆纤维、草屑及金属碎屑等。通常情况下，这些杂质不能被乙醚、石油醚等有机溶剂溶解，且会对原油的输送、暂存及精炼效果产生不良影响，因此必须及时将其从原油中除去。由于密度及力学性质与原油有较大差异，可采用重力沉降法、过滤法或离心分离法将机械杂质从原油中除去。

二、水分

植物原油在制取、运输和储藏过程中会有一定的水分进入其中。水在植物原油中的溶解度比矿物绝缘油高，且随着原油中游离脂肪酸、磷脂及蛋白质等杂质含量的增加以及温度的升高，水在原油中的溶解度也会增加。原油中的水分分为游离状和结合状两种，游离状的水易与油形成油包水（W/O）乳化体系；亲水物亲水基团吸附的水分使得亲水物质膨胀成乳化胶粒存在于原油中。当水分含量超过 0.1%，植物原油透明度大幅降低；而且水分的存在还可以活化解脂酶分解原油，进而导致原油酸败，不利于植物原油的安全储存。

通常情况下，可以采用常压干燥和负压干燥两种方式除去植物原油中的水分，但是常压加热干燥易使得原油被氧化，导致其引起酸败，故植物绝缘油精炼工艺中常采用负压干燥来去除油中的水分，有利于保证油品的质量。

三、胶溶性杂质

能与植物原油形成胶溶性体系的杂质称为胶溶性杂质。通常情况下，胶溶性杂质以 1nm～0.1μm 的粒度分散在原油中，其存在状态易受水分、温度及电解质的影响而改变，主要包括磷脂、蛋白质、糖类及黏液质等。

（一）磷脂

磷脂（PL）是磷酸甘油酯的简称，是一类结构和理化性质与植物油相似的类脂物。油料种子中的磷脂呈游离态的较少，大部分存在于油料的胶体相中，且与酶、苷、生物素及蛋白质等组成复合物，在制取过程中可随着原油而溶出。原油中磷脂的含量随品种、产地、成熟程度及制取方法的不同而具有一定的差异。常见植物原油中的磷脂含量见表 2-2。

表 2-2 常见植物原油中的磷脂含量

序号	种类	磷脂含量（%）
1	大豆油	1.1～3.5
2	玉米胚芽油	1～2
3	小麦胚油	0.1～2.0
4	棉籽油	1.5～1.8
5	米糠油	0.4～0.6
6	亚麻籽油	0.1～0.3
7	花生油	0.6～1.2
8	芝麻油	0.1～0.3
9	菜籽油	1.5～2.5
10	红花籽油	0.5～0.6

磷脂具有吸湿和吸水膨胀性，吸水膨胀后形成乳浊的胶体溶液。水化脱胶就是利用磷脂这一特性将磷脂与植物油分离。另外，磷脂的这一特性还是原油在储藏时油脚析出的主要原因。

磷脂的存在对原油具有抗氧化增效作用，但会使原油颜色变得深暗、浑浊，影响植物绝缘油质量。磷脂还会造成原油碱炼时发生乳化，脱色时增加脱色剂消耗量，故植物绝缘油精炼工艺中常采用水化、酸炼或碱炼方法去除磷脂。

磷脂大体上可以分为水化磷脂和非水化磷脂，它们的不同主要在于和磷脂酸羟基相连的官能团不同。水化磷脂含有极性较强的基团如胆碱、乙醇胺等，与水接触时可以形成水合物，且能够在水中析出。非水化磷脂含有极性较弱的基团，主要形式为磷脂酸和溶血磷脂的钙镁盐。

由于非水化磷脂不能转化为水化形式的磷脂而存在于原油中，故常规的碱炼和水化脱胶过程不能够有效地将其除去。通过调节原油 pH 的方法可以使得非水化磷脂解离后脱除。可以利用磷酸使得钙镁复盐形式的非水化磷脂解离转化，在中和的过程中脱除。该方法不仅可以减少精炼损失，而且可以降低脱胶油中的磷脂含量和金属离子。

（二）蛋白质、糖类、黏液质

原油中的蛋白质大多是简单蛋白质和碳水化合物、磷酸、色素和脂肪酸结合而成的糖朊、磷朊、色朊、脂朊以及蛋白质的降解产物，其含量取决于植物油料蛋白质的生物合成及水解程度。

糖类包括多缩戊糖（$C_{18}H_{30}O_{16} \cdot 5H_2O$）、戊糖胶、硫代葡萄糖苷及糖基甘油酯等，且大多与蛋白质、磷脂、甾醇等组成复合物而分散于植物原油中，以游离态存在于油中的相对较少。

黏液质是单糖和半乳糖酸的复杂化合物，在亚麻籽和白芥籽中含量较多。

植物原油中的蛋白质和糖类虽然含量较低，但是因其亲水性，易使得植物油水解酸败，并且具有较高的灰分，会影响植物绝缘油的品质。这类物质亲水，对酸、碱不稳定，可以通过水化、碱炼及酸炼等方法去除。

四、脂溶性杂质

脂溶性杂质是指呈真溶液状态存在并完全溶于植物原油中

的一类杂质。

（一）游离脂肪酸

原油中的游离脂肪酸（FFA）一是来源于油籽，即油料种子中尚未合成为酯的脂肪酸，二是甘油三酯在制取过程中因受潮、发热、受解脂酶作用及植物油氧化分解而产生的呈游离态的脂肪酸。一般植物油中游离脂肪酸含量为0.5%～5%。

原油中的游离脂肪酸含量过高，会加速甘油三酯的水解酸败；不饱和脂肪酸对热和氧的稳定性差，会促使甘油三酯进一步氧化酸败。存在于原油中的游离脂肪酸还会增加水分、磷脂、糖脂及蛋白质等胶溶性物质和脂溶性物质在原油中的溶解度。总之，游离脂肪酸的存在会降低原油的抗氧化性和稳定性，需采取相应方法除去。

植物绝缘油精炼工艺中，可以通过碱炼工艺将游离脂肪酸转化为皂脚，皂脚通过沉降或是离心力作用与油分离，或是采用吸附的方式除去，也可以通过真空脱酸的方式使其随着水蒸气挥发除去。

（二）甾醇

甾醇又称类固醇，是广泛存在于植物原油中的脂质成分之一，凡以环戊多氢菲为骨架的化合物统称为甾族化合物，环上带有羟基的即为甾醇，其结构如图2-5所示。甾醇与植物原油共存，是植物原油不皂化物的主要成分。甾醇在植物油中呈游离态，或与脂肪酸生成酯类，或与其他物质生成配糖体。

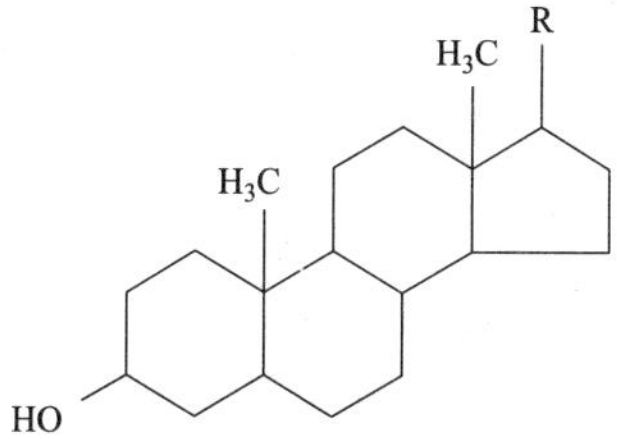

R
H_3C
H_3C
HO

图2-5　甾醇分子结构

甾醇通常是无色、无味、高熔点晶体，溶于非极性有机溶剂，难溶于乙醇、丙酮，不溶于水、碱和酸，对热和化学试剂都比较稳定，且不易皂化。植物绝缘油碱炼时产生的皂脚可以吸附一部分甾醇，吸附脱色时可以去除大部分的甾醇，高温脱臭时也可以除去部分甾醇。

（三）维生素 E

维生素 E 是生育酚的混合物，淡黄色到无色，无味，对植物油具有一定的抗氧化作用。由于生育酚具有较长的侧链，因此是油溶性的，不溶于水，易溶于非极性有机溶剂，难溶于乙醇和丙酮，对酸、碱都较为稳定。

（四）色素

植物原油中的色素可以分为天然色素和加工色素两种。天然色素主要是植物原油中的叶绿素、类胡萝卜素及其他色素。油料在储运、加工过程中产生的新色素，统称为加工色素。它们是由霉变及蛋白质与糖分的分解产物发生美拉德反应而产生的色素，或植物原油及其他类脂物（如磷脂、棉酚）氧化、异构化产生的色素。

植物原油中色素不仅影响油品的外观和使用性能，而且不同的色素对植物原油稳定性的影响也不同。叶绿素和脱镁叶绿素是光敏物质，能被可见光或近紫外光激活，活化了的光敏物质将能量释放给基态氧，使氧分子活化为具有较高能量的单电子结合的氧分子，使植物油不经自由基的分布反应而直接氧化为氢过氧化物，加速了植物油的氧化裂变。此外，由于胡萝卜素高度不饱和，使其较植物油更易氧化，且在氧化过程中与植物油争夺氧，可以在一定程度上保护植物油免遭氧化，但是当其被氧化到一定程度后便会成为氧的载体，又会促进植物油的氧化裂变。

植物绝缘油精炼工艺中常采用吸附的方式对植物油进行色素的脱除。

（五）烃类

植物原油中的烃类大多数为不饱和高碳烃，含量为 0.1%～0.2%，碳原子数从 C_{13}～C_{30} 均有。这些烃类物质与甾醇、4-甲基甾醇等其他化合物一起存在于不皂化物中，有正链烃、异链烃等。橄榄油、棉籽油及米糠油中均含有三十碳六烯，花生油中有 C_{15}～C_{19} 不饱和烃，大豆油中含有 C_{18} 不饱和烃，通常认为植物油的气味和滋味均与烃类的存在有关，因此必须加以去除。由于烃类在一定的温度和压力下，其饱和蒸气压比植物油高，故可以采用减压蒸馏法将其去除。

（六）蜡和脂肪醇

蜡的主要成分是高级脂肪酸和高级脂肪醇形成的酯，通常称作“蜡酯”。其组成较为复杂，结构式如图 2-6 所示。

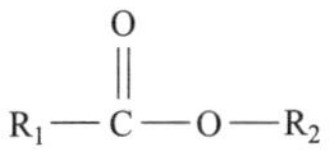

$$R_1-\overset{\overset{\displaystyle O}{\|}}{C}-O-R_2$$

图 2-6 蜡分子结构式

一般的植物油中都含有微量的蜡。纯净的蜡在常温下呈结晶固体，因种类不同其熔点高低也有差异。蜡质的结晶状微粒分散在植物油中，使植物油呈混浊状且透明度差，严重影响植物油的外观质量。

脂肪醇是蜡的主要成分，游离脂肪醇相对较少，主要还是以酯的形态出现。脂肪醇和蜡对热、碱较稳定，属于难皂化或不皂化的物质，一般采用低温结晶过滤或是液-液萃取工艺将其去除。

（七）特殊杂质

一些植物原油中含有一些特殊的杂质。例如，棉籽油中含有一定量的棉酚，其具有较强的抗氧化能力，但是由于毒性和色泽的问题必须降低其在棉籽油中的含量。棉酚分为游离棉酚、结合棉酚和变性棉酚，其中游离棉酚呈弱碱性，能与 NaOH 反应生成不溶于油脂的棉酚钠盐，并随皂脚去除。

菜籽油中含有硫代葡萄糖苷（芥子苷），含量为 1%～2%，其水解后降解产物有异硫氰酸酯、硫氰酸酯及腈等，大多是易挥发性物质，在加工过程中容易逸出，可通过脱臭工艺去除。

此外，植物原油在制取、储存及运输过程中，产生的水解产物除游离脂肪酸外，还有甘油一酯、甘油二酯和甘油，且氧化会产生醛、酮、酸及过氧化物等。由于环境、设备或包装容器具的污染会使得原油中含有一定量的金属离子，这些金属离子在一定程度上会成为植物油水解酸败的催化剂，还会影响油品的电气绝缘性能，因此必须在植物绝缘油精炼过程中加以除去。

五、其他杂质

（一）多环芳烃

多环芳烃（PAH）是指两个以上苯环稠合的或六碳环与五碳环稠合的一系列芳烃化合物及衍生物，如苯并（a）蒽、苯并（a）菲、苯并芘、二苯并芘和三苯并芘等。苯并芘是多环芳烃化合物中的主要污染物，植物油料除在生长过程中，受空气、水和土壤中的多环芳烃污染外，加工中还由于烟熏和润滑油的污染，或油脂及种子内的有机物高温下热剧变形成多环芳烃，使得有些植物油中存在着苯并芘，其含量为1～40μg/kg。

苯并芘等芳烃环稠化合物不易与碱起化学反应，而易与硝酸、过氯酸或氯磺酸起反应；对负电性卤素的化学亲和力较强，也能被带正电荷的吸附剂如活性炭、木炭或氢氧化铁所吸附，但不能被带负电的吸附剂吸附。植物油中的多环芳烃化合物一般采用活性炭进行吸附，或使用特定条件下的脱臭工艺来脱除。

（二）黄曲霉毒素

黄曲霉毒素的基本结构是二呋喃环和香豆素，是黄曲霉、寄生霉和温特霉的代谢产物，属于剧毒物，毒性高于氰化钾，是目前发现的最强的化学致癌物质。用发霉变质污染的油料制取的植物原油中的黄曲霉毒素有时可高达1000～10000μg/kg。

黄曲霉毒素耐热，高于280℃才会发生裂解，且在水中的溶解度较低，易溶于油和一些有机溶剂，如氯仿和甲醇，但是不溶于乙醚、石油醚和乙烷。在碱性条件下，其结构中的内酯环可被破坏形成香豆素钠盐，该盐能溶于水。在酸性条件下，能发生逆反应，恢复其毒性，其反应式如图 2-7 所示。

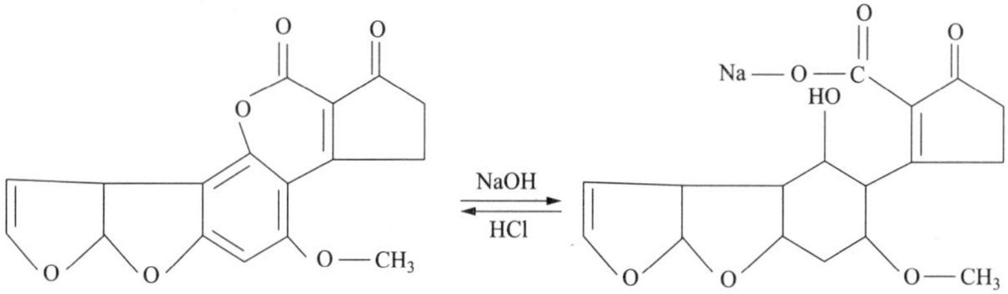

图 2-7　黄曲霉毒素反应式

碱炼水洗工艺可以在一定程度上降低植物油中的黄曲霉毒素，也可以被活性白土、活性炭等吸附剂吸附。采用溶剂萃取、化学药品破坏和高温破坏等方法均有一定效果。植物绝缘油精炼工艺中常采用碱炼水洗加吸附的方法将黄曲霉毒素从植物油中去除。

（三）农药

由于喷洒农药的间接污染，以及经食物链生物的浓集作用，植物油料会含有一定数量的农药，制取过程中会有部分农药进入植物原油中，进而造成了植物原油的污染。

目前，广泛使用的农药一般为有机磷和有机氯类。植物原油中的农药可以采用完整的精炼工艺，尤其是真空脱臭处理进行脱除。

第三节　原油的选择

植物油来源于天然的油料作物，在自然界几乎可以完全降解，且种植周期短，可再生，能够满足绝缘油环保特性和来源广泛性的要求。因此，稳定性、电气及理化性能是选择植物绝缘油原油考虑的重点。

植物油是混脂肪酸甘油三酯的混合物，成分复杂，其理化性能及稳定性与脂肪酸的组成成分有直接关系，因此在进行植物绝缘油研究之前，有必要对原油的分子结构特征和特性进行分析，选择出合适的原油种类和脂肪酸甘油三酯成分，进而使得植物绝缘油满足绝缘油各项性能指标要求。

脂肪酸分为饱和脂肪酸、单不饱和脂肪酸、双不饱和脂肪酸和多不饱和脂肪酸等。饱和脂肪酸含量高的植物油性能比较稳定，一般不与空气、卤素及氧化剂等发生化学反应，但是凝点相对较高。多不饱和脂肪酸含量高的植物油凝点低，但由于双键的存在，其理化性能不稳定，易发生氧化。

综合考虑植物油的理化性能，单不饱和脂肪酸含量高的基础油是最佳选择。自然界中存在的最广泛、最多的单不饱和脂肪酸是油酸（$C_{18:1}$）和芥酸（$C_{22:1}$），但是芥酸对人体健康有不利因素，因此油酸含量高的原料油是最佳的选择。近年来芥酸含量高的油料作物大都通过转基因处理来降低芥酸含量，提高其油酸含量。

表 2-3 列出了一些常见植物油的脂肪酸组分含量。从表中可以看出，山茶籽油和橄榄油中单不饱和脂肪酸含量最高，均达到了 70%以上，但是由于种植较少，生产成本昂贵，不宜进行广泛使用。除此之外，转基因菜籽油和转基因大豆油中所含的单不饱和脂肪酸相对也比较高，而且种植范围广，易采购，生产成本低。目前国内外大多采用转基因菜籽油和转基因大豆油作为原油进行植物绝缘油的加工生产。

表 2-3　　几种植物油的脂肪酸组分含量

植物油	饱和脂肪酸（%）	单不饱和脂肪酸（%）	多不饱和脂肪酸（%）
山茶籽油	11	78.1	10.9
转基因菜籽油	24.7	50.3	25

续表

植物油	饱和脂肪酸（%）	单不饱和脂肪酸（%）	多不饱和脂肪酸（%）
葵花籽油	10.5	19.6	69.9
红花油	8.5	12.1	79.4
橄榄油	14	76	10
转基因大豆油	13.9	25.3	60.8
棉籽油	23.46	19.3	54.1
棕榈油	41.2	15	43.8

第三章

植物绝缘油炼制工艺

植物绝缘油炼制工艺是指对植物原油进行精炼处理。原油中杂质的存在不但影响其安全储存，还会严重影响其理化、电气性能。因此，植物绝缘油炼制工艺是在研究植物油理化性能的基础上，依据植物油中各种组分性质上的差异，采用一定的炼制方法将原油中的杂质及影响其理化、电气性能的不需要的其他物质除去，使炼制的植物绝缘油质量达到绝缘油相关标准的要求。

第一节 机械杂质分离

由压榨、浸出和水代法等方法制得的植物原油，虽然经历了初步的油渣分离，但是由于粗分离设备技术的限制或储运过程中的混杂污染，原油中仍然含有一定量的机械杂质。这些机械杂质主要是料坯粉末、饼渣粕屑、泥砂及纤维等，其含量会随着油料品种、制取工艺及操作条件的不同而不同。这些杂质的存在会促使原油分解酸败，也会对后续的植物绝缘油炼制带来不利影响。因此，机械杂质的去除是必不可少的环节。

植物原油中的固体颗粒组成比较复杂，颗粒能够承受压力的能力也不同，加上原油的化学组成和结构，以及原油中水分、胶溶性和脂溶性杂质之间的相互影响，因此与普通流体不同，属于非牛顿型流体，没有共同的黏性摩擦定律可以遵循。

通常植物原油中机械杂质的分离主要采用沉降分离、过滤分离及离心分离等方法。

一、沉降分离

重力作用下的自然沉降分离是分离机械杂质最简单也最常用的方法。它利用悬浮机械杂质与植物原油的密度差，在自然静置状态下使悬浮机械杂质从原油中沉降下来而分离。

重力沉降法应用较广，但是在分离植物毛油中悬浮杂质时，只适用于油中大颗粒杂质的分离。若悬浮颗粒直径较小，悬浮颗粒和毛油密度相差不大，而黏度相对较大，沉降速度就会很慢，不能适应工业生产的需要，一般都是把沉降作为辅助措施，与过滤或离心分离配合使用，降低过滤和离心分离设备的负担。

此外，间歇式碱炼中油与皂脚之间的分离以及水洗时的油水分离时也采用沉降的方法，这里的皂脚（或水）粒子较植物油中悬浮粒子大，油和粒子密度差也较大，操作温度又相对较高，因而沉降速度较快，可以适应中小型植物绝缘油生产线的需要。

二、过滤分离

过滤分离就是指在重力或是机械外力的作用下，悬浮液通过过滤介质，使得悬浮杂质被截留在过滤介质上形成滤饼，从而达到除去悬浮杂质的一种方法。这种方法可以用于悬浮杂质的分离，也可以用于脱色白土、蜡质等工艺性悬浮体的分离。根据过滤推力类型的不同，过滤常分为重力过滤、压滤、真空过滤及离心过滤等。

在过滤含有胶性颗粒或可压缩性颗粒的植物原油时，过滤介质的滤孔容易被油中的悬浮物堵塞而造成过滤速度降低，或者由于悬浮物微粒容易穿过过滤介质的滤孔而使得滤液澄清度不够，为此可采用助滤剂来改善过滤过程。助滤剂表面具有吸附胶体颗粒的能力，能使可压缩滤饼形成较好的滤饼骨架，使得过滤孔道不易堵塞，从而有利于提高过滤速度和澄清度。

理想的助滤剂应具备以下条件：

（1）惰性好，不影响悬浮液的化学性质。

（2）不溶解于悬浮液。

（3）具有不可压缩性，在一定的操作压力下，助滤剂滤饼应能保持高的孔隙度。

（4）颗粒小而多孔，形状不规则，从而使得助滤剂滤饼具有较高的渗透性，构成的液流通道既小而又多。

（5）价格低廉，货源充足。

三、离心分离

离心分离是借助高速旋转产生的离心力使植物原油与悬浮物分离的过程。离心分离对于悬浮物粒度细小、固液相密度差较小的悬浮液分离更显示出其优越性。

离心分离设备型式很多，工业生产常用的沉降式离心设备有管式、碟式离心机和螺旋型离心机，过滤式离心设备也有很多种，但是其应用没有沉降式离心设备普遍。螺旋型离心机常用于原油悬浮杂质的分离，而管式离心机和碟式离心机主要用于植物绝缘油精炼过程中工艺悬浮体系（胶粒和皂粒）的分离。

离心分离是一种先进的分离悬浮液的方法，也是连续精炼的一种重要手段，产量高，分离效果好，消耗低，不仅可以用于植物原油中悬浮杂质的分离，也可以在碱炼中脱皂脚、水洗时脱水以及脱胶、脱蜡等精炼工艺中使用。

第二节 脱胶工艺

植物原油属于胶体体系，其中所含的磷脂、蛋白质、黏液质和糖基甘油二酯等，因为与甘油三酯组成溶胶体系而称其为胶溶性杂质。胶溶性杂质的存在不仅影响原油的稳定性，而且会对后续的精炼工艺带来不利影响，进而导致植物绝缘油成品油质量下降，使其很难达到绝缘油的使用要求。例如，胶质的存在使得碱炼过程中发生乳化作用，导致油与皂脚不能很好地分离，增加中性油的损失；脱色时胶质会覆盖在脱色剂的部分活性表面，进而降低脱色效果；未脱胶的植物油无法进行物理精炼及脱臭工艺等。因此，植物绝缘油炼制工艺中必须首先进行脱胶工艺以除去胶溶性杂质。

采用物理、化学或是物理化学混合方法除去植物原油中胶溶性杂质的工艺称为脱胶。植物绝缘油炼制工艺中，脱胶不但可以除去植物原油中的磷脂、蛋白质等胶溶性杂质，也可以去除其他的极性杂质，有效地提高植物绝缘油的电气绝缘性能。

脱胶的方法很多，如水化脱胶、酸炼脱胶、吸附脱胶、酶法脱胶、热聚脱胶及化学试剂脱胶等。植物绝缘油精炼生产中普遍采用水化脱胶和酸炼脱胶。对于磷脂含量高的植物原油，在脱酸前通常进行水化脱胶，但是若是想要达到较高的脱胶要求则需要用酸炼脱胶。

一、水化脱胶

水化脱胶是利用植物原油中磷脂等胶溶性杂质的亲水性，将一定量的水或电解质水溶液在搅拌下加入热的原油中，使其中的胶溶性杂质吸水凝聚然后沉降分离的一种原油脱胶工艺。在水化脱胶过程中，能被凝聚沉降的物质以磷脂为主，还有与磷脂结合在一起的蛋白质、糖基甘油二酯、黏液质和微量金属离子等。

在植物原油的胶体分散相中，除了亲水的磷脂外，有时还含有一部分非亲水性的磷脂及蛋白质降解产物的复杂结合体等。这些物质因其结构的对称性而不亲水，或是因水合作用，颗粒表面易为水膜所包围而增大电斥性，因此在水化脱胶时不易被凝聚。对于这类杂质，可以根据其水合及凝聚的原理，通过添加电解质水溶液来改变水合度，促使其发生凝聚，进而实现脱胶的目的。

电解质在脱胶过程中的主要作用如下：

（1）中和胶体分散相质点的表面电荷，消除（或降低）质点的 e 电位或水合度，促使胶体质点凝聚。

（2）磷酸和柠檬酸等促使钙镁复盐式磷脂、N-酰基脑磷脂和对称式结构（β-）磷脂转变为亲水性磷脂。

（3）明矾水解出的氢氧化铝以及生成的脂肪酸铝具有较强的吸附能力，除能包络胶体质点外，还可吸附油中色素等杂质。

（4）磷酸、柠檬酸螯合、钝化并脱除与胶体分散相结合在一起的微量金属离子，有利于精炼油气味的改善和抗氧化性能的提高。

（5）促使胶粒絮凝紧密，降低絮团含油量，加快沉降速度，提高水化植物油的得率及生产率。

使用电解质既加快了杂质的沉降速度，又降低了磷脂油脚中的含油量，提高了水化脱胶效果，但是需要消耗一定量的辅助材料，增加相应的操作，会增加一定的成本。因此在正常条件下，水化脱胶一般不用电解质，只有当普通水化脱胶除不净胶质、胶粒絮凝不好或是操作中发生乳化时才考虑添加电解质。电解质的选用要根据植物原油的品质、脱胶油的质量、水化工艺及水化操作来进行确定。

水化脱胶工艺可以分为间歇式和连续式。目前国内的植物绝缘油生产规模相对较小，适用于间歇式工艺。间歇式水化脱胶的方法较多，但其工艺程序基本相似，都包括加水（或加直接蒸汽）水化、沉降分离、水化油干燥和油脚处理等内容，其通用工艺流程如图 3-1 所示。

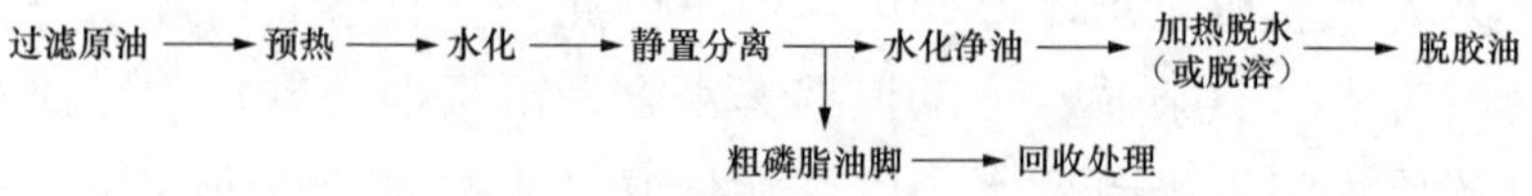

过滤原油 → 预热 → 水化 → 静置分离 → 水化净油 → 加热脱水（或脱溶） → 脱胶油

静置分离 → 粗磷脂油脚 → 回收处理

图 3-1　间歇式水化脱胶工艺流程

二、酸炼脱胶

传统的水化脱胶仅对可水化磷脂有效，而植物油中的磷脂按其水化特性分为水化和非水化两类。其中 α-磷脂很容易水化，水化后生成不易溶于油脂的水合物，而 β-磷脂则不易水化。钙、镁、铁等磷脂金属复合物也不易水化，这些就是所谓不能或难以水化的非水化磷脂。正常情况下，非水化磷脂占胶体杂质含量的10%左右，但受损油料的原油中所含非水化磷脂可能高达50%以上。

在油料浸出期间，磷脂酶会促使可水化磷脂转化为非水化磷脂。当水分和浸出温度较高时，这种转化更显著。因此在有的植物原油中非水化磷脂的含量是正常情况的 2～3 倍。其中 β-磷脂可以用碱或是酸处理除去，而磷脂金属复合物，必须用酸除去。要把植物原油精炼成性能优良的植物绝缘油以适应后续工艺的需要，就必须采用酸炼脱胶。

酸炼脱胶是指在植物原油中加入一定量的无机酸使得胶溶性杂质变性分离的一种脱胶方法。在植物绝缘油精炼过程中常采用与碱炼结合的脱胶工艺，植物原油的脱胶工艺可采用先水化脱胶，脱除大部分磷脂后再进行酸炼脱胶处理，然后进行碱炼脱酸工艺。

与碱炼脱酸相结合的脱胶方法只分离一次油脚，工序简单，但有时会发生过度乳化，使植物油和油脚分离不好。酸炼脱胶为独立工序的脱胶是先分离出胶质后再碱炼，有利于油和皂脚的分离。从这个角度看，酸炼脱胶工艺相对独立，更容易控制操作，可提高精炼率和植物绝缘油的理化、电气绝缘性能，还可以减少碱液的用量，但是需要增加一次分离操作，增加一个分离设备，也难免损失一些植物油。采用水化脱胶和酸炼脱胶两种脱胶方式对大豆油进行脱胶，得到的植物油性能对比见表 3-1。

表 3-1　　不同脱胶方式下的植物油性能对比

脱胶方式	酸值（以 KOH 计，mg/g）	介质损耗因数（90℃，%）	击穿电压（kV）
大豆植物油	1.02	25.6	18.6
水化脱胶后	1.03	21..3	29.5
酸炼脱胶后	1.05	19.5	31.2

从表 3-1 中可以看出，脱胶后大豆油电气性能得到了一定的改善，酸值基本保持不变。说明脱胶可以更有效地除去难溶的杂质，提高植物油的电气性能，且酸炼脱胶效果优于水化脱胶。酸炼脱胶过程中引入的无机酸-磷酸可以通过排水排走，对植物油的酸值没有造成大的影响。

第三节　脱 酸 工 艺

呈游离状态存在于植物油中的脂肪酸称为游离脂肪酸。游离脂肪酸主要来源于油籽内部，此外甘油三酯在植物绝缘油炼制过程中受到多种因素（氧化、水解）作用也会分解游离出来。不同种类的植物油，组成其甘油三酯的脂肪酸亦不同。游离脂肪酸含量高会促进中性油的水解酸败，且不饱和脂肪酸对热和氧的稳定性较差，会促使植物油氧化裂变，降低其电气绝缘性能。游离脂肪酸会使磷脂、糖脂、蛋白质等胶溶性物质和脂溶性物质在植物油中的溶解度增加，其本身还是植物油、磷脂水解的催化剂。总之游离脂肪酸的存在会降低植物油的理化、电气性能及稳定性，必须尽量除去。

酸值能够真实反映植物绝缘油中游离脂肪酸的含量，同时也是评定新油和运行油老化程度的重要指标。酸值增高会提高绝缘油的导电性，降低绝缘强度，加速固体绝缘材料老化，缩短设备的使用寿命。对于未使用过的矿物绝缘油酸值一般要求小于 0.03mg/g（以 KOH 计），未使用的植物绝缘油酸值要求小于 0.06mg/g（以 KOH 计）。

酸值按 IEC 62021-3:2014《绝缘油　酸值的测定　第 3 部分：非矿物绝缘油试验方法》（*Insulating liquids Determination of acidity Part 3：Test methods for non-mineral insulating oils*）给出的方法进行测定，计算公式见式（3-1）

$$AV = \frac{V \times c \times 56.1}{m} \times 100\% \tag{3-1}$$

式中　V——所用 KOH 标准溶液的体积，mL；

C——所用 KOH 标准溶液的浓度，mol/L；

m——植物油质量，mg；

56.1——KOH 的摩尔质量，g/mol；

AV——酸值，mg/g。

经机械除杂和脱胶处理后的植物原油中会含有一定数量的游离脂肪酸（FFA），脱除植物油中游离脂肪酸的过程称为脱酸。

脱酸是植物绝缘油精炼过程中最重要的工序之一，不但可以除去植物油中的游离脂肪酸，同时也可以除去部分色素磷脂、烃类和黏液质等杂质，大大提高植物油的理化、电气性能。传统脱酸方法主要包括化学脱酸、物理脱酸（蒸汽脱酸）、混合油精炼（或脱酸）等，其特点和局限性见表 3-2。

表 3-2　传统脱酸方法特点及局限性

脱酸方法	特　　点	局　限　性
化学脱酸	通用：适合各种植物油脱酸； 多因素影响：净化、脱胶、中和、部分脱臭植物油	高 FFA 植物油（夹带）中性油损失大； 皂脚商业应用价值低； 中性油水解损耗
物理脱酸	适用于高 FFA 植物油；	预处理非常严格；

续表

脱酸方法	特　点	局　限　性
物理脱酸	低成本和操作消耗（蒸汽和动力消耗）较低； 植物油产量高； 省略皂脚和减少溢流物量； 提高 FFA 量	不适用于热敏性植物油（如棉籽油）； 产生热聚合； 需控制 FFA 去除速率
混合油脱酸	碱溶液强度较低； 分离因素增加； 皂脚夹带中性油少； 产品油色泽好； 省去水洗工序	投资高：全部设备需密闭和防爆； 损耗溶剂：需仔细操作和维护； 成本高：需均质化影响中和、脱臭； 需在有效操作浓度下操作，混合油浓度为 50%（两步溶剂去除）

目前，植物绝缘油精炼生产中主要以化学脱酸为主。由于在高温、高真空条件下植物绝缘油会发生热聚合反应产生极性聚合物，不利于电气性能的改善，故物理脱酸主要与化学脱酸配合使用。此外，由于不同种类的植物油脂肪酸组成不同，不同基础油的植物绝缘油一般情况下是不建议混用的，通过混合油精炼的植物绝缘油化学稳定性还有待进一步考证，且投资较高，所以该方法并未应用于植物绝缘油生产中。

一、化学脱酸

化学脱酸又称碱炼脱酸，是植物绝缘油工业生产中最常用的脱酸方法，是利用碱液来中和植物油中存在的游离脂肪酸（FFA），使得游离脂肪酸从植物油中脱离出来的方法，可以有效地降低植物油的酸值，生成的脂肪酸钠盐（皂脚）形成絮状物而沉降。此外，皂脚是一种表面活性物质，吸附能力较强，可将相当数量的其他杂质，如蛋白质、黏液物质、色素、磷脂及带有羟基或酚基的物质也带入沉降物中，甚至悬浮的固体杂质也可被絮状皂脚团挟带下来。因此，碱炼中和本身具有脱酸、脱胶、脱杂质和脱色等综合作用。碱炼脱酸过程见图 3-2。

碱炼脱酸过程是一个典型的胶体化学反应，效果的好坏主要取决于胶态离子膜的结构。胶态离子膜必须易于形成，薄而均匀，并易与碱滴脱离。如果植物油中混有磷脂、蛋白质和黏液质等杂质，胶膜就会吸附它们而形成较厚的稳定结构，搅拌时就不易破裂，挟带在其中的游离碱和中性油也就难以分离出来，从而影响碱炼效果。

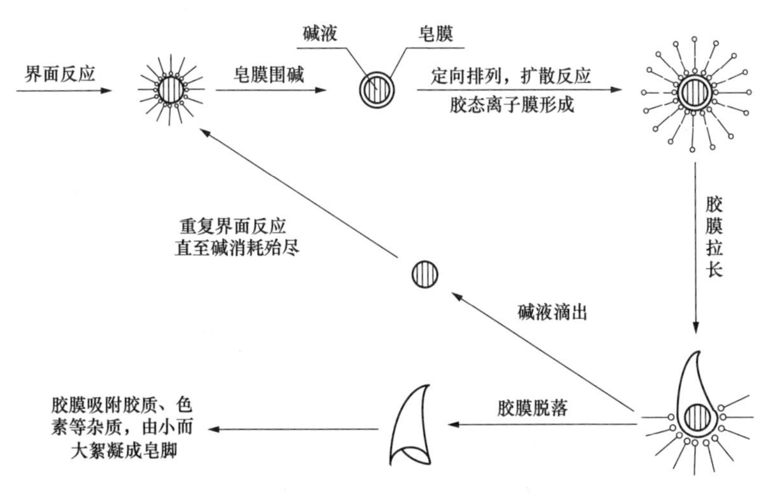

图 3-2　碱炼脱酸过程示意图

综上所述，碱炼脱酸时，应力求做到以下两点：

（1）增大碱液与游离脂肪酸的接触面积，缩短碱液与中性油的接触时间，降低中性油的损耗；

（2）调节碱滴在粗油中的下降速度，控制胶膜结构，避免生成厚的胶态离子膜，并使胶膜易于絮凝。

植物绝缘油精炼工艺中，用于中和游离脂肪酸的碱有氢氧化钠（烧碱、火碱）、碳酸钠（纯碱）和氢氧化钙等，普遍采用的是烧碱、纯碱，或者是先用纯碱后用烧碱。

烧碱在国内外植物油化学脱酸中应用最为广泛，烧碱碱炼分间歇式和连续式，间歇式工艺适用于生产规模小或植物油种类更换频繁的企业，而连续式工艺多适用于生产规模较大的企业。目前国内植物绝缘油还处在发展初期，生产规模较小，且连续式工艺投资相对较高，故大多采用间歇式碱炼脱酸工艺，其典型工艺流程见图 3-3。

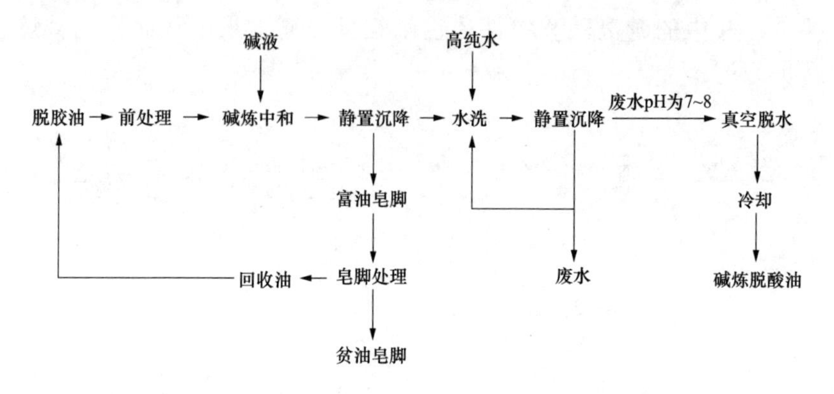

图 3-3　间歇式碱炼脱酸工艺流程图

碱炼脱酸过程的主要作用可归纳为以下几点：

（1）烧碱能中和植物油中绝大部分的游离脂肪酸，生成的脂肪酸钠盐（钠皂）在油中不易溶解，成为絮凝状物而沉降。

（2）皂脚是一种表面活性物质，吸附能力较强，可将相当数量的其他杂质，如蛋白质、黏液物质、色素、磷脂及带有羟基或酚基的物质也带入沉降物中，甚至悬浮的固体杂质也可被絮状皂脚团挟带下来。因此，碱中和本身具有脱酸、脱胶、脱杂质和脱色等综合作用，可以有效提高植物绝缘油的理化、电气绝缘性能。

（3）烧碱和少量甘三酯的皂化反应会引起炼耗的增加。因此，必须选择最佳工艺操作条件，以获得成品的最高得率。

二、物理脱酸

物理脱酸，即蒸馏脱酸，植物油中的游离脂肪酸不是采用化学脱酸的方法，而是借助甘油三酯和游离脂肪酸相对挥发度的不同，在高温、高真空条件下利用水蒸气蒸馏达到脱酸目的的一种精炼方法。它不但可以有效去除游离脂肪酸，也可以去除植物绝缘油中的臭味物质、过氧化物、挥发性分解物、小分子物质及分解色素等物质，能够显著降低植物绝缘油中的杂质浓度，有效提高植物绝缘油的理化、电气绝缘性能。此外，物理脱酸工艺流程简单，无中性油损失，精炼效率高，且没有皂脚及废水产生等优点。

相同条件下游离脂肪酸的蒸气压远远大于甘油三酯的蒸气压，根据这一物理特性，利用它们在同温下相对挥发性的不同就可以实现有效的分离。植物油大多属于热敏性物质，在常压高温下稳定性较差，往往达到游离脂肪酸的沸点前就已开始氧化分解。但是当植物油中通入与其不相溶的惰性组分时，游离脂肪酸的沸点即会大幅度地降低。表 3-3 给出了几种脂肪酸在不同操作条件下的沸点变化情况。可以看出，在真空条件下，采用水蒸气作辅助剂便可在低于甘油三酯热分解温度下脱除游离脂肪酸。

表 3-3 几种脂肪酸在不同操作条件下的沸点

脂肪酸	不加水蒸气（常压，℃）	脂肪酸：水蒸气	
		1:2.5（常压，℃）	1:1（20kPa，℃）
月桂酸	301	191	176
豆蔻酸	330	211	173
棕榈酸	340～356	224	211
硬脂酸	360～383	243	223
油酸	—	239	220

植物原油品质及其预处理质量是物理脱酸工艺的前提条件。植物油中非亲水性磷脂多为钙、镁、铁等金属离子的载体，它们的存在会导致产品色泽加深、透明度下降、稳定性降低，甚至导致脱酸、脱臭过程失败。因此，确保植物油品质和物理精炼预处理质量尤为重要。

同碱炼脱酸工艺相比，物理脱酸工艺流程简单，精炼效率高，产品稳定性好，有效避免了中性油的皂化损失，且不会有废水产生污染环境。缺点主要是蒸馏过程中对于植物油的预处理要求非常严格，不适合热敏性的植物油，且在高温下植物油会产生聚合物和反式脂肪酸等，不利于其电气绝缘性能的改善。

三、其他脱酸工艺

在化学脱酸过程中，一方面，总有大量中性油损失，且产生的皂脚在处理利用时易造成环境污染；另一方面，物理脱酸仅适于优质植物油脱酸，且预处理要求严格，有时还需脱色处理。传统脱酸方法不适用高酸值植物油脱酸，为克服传统脱酸方法不足，许多学者研究了一些新的脱酸方法，主要包括生物精炼脱酸、溶剂萃取脱酸、超临界流体萃取脱酸、膜技术脱酸等。这些脱酸新方法特性和局限性见表 3-4。

表 3-4　　脱酸新方法特点及局限性

脱酸方法	特　点	局限性
生物精炼脱酸	利用全细胞微生物选择吸收 FFA，如假单孢菌变种（BG_1）； 酶催化再酯化——脂酶再酯化； 油脂产量增加； 能量消耗低； 操作条件温和	亚油酸和短碳链脂肪酸（C<12）； 不能利用，此外抑制微生物生长； 脂肪酸利用取决于其水溶性； 酶成本高
溶剂萃取脱酸	在室温和大气压力下萃取； 容易分离：溶剂与脂肪化合物沸点差别大	资本投入高； 操作能量消耗高； 脱酸不完全（TG 溶解性随原料 FFA 而增加）
超临界流体萃取脱酸（SCFE）	选择性高； 低温和无污染操作； 适用宽范围 FFA 油脂； 油耗最小	加工成本昂贵
膜技术脱酸	能量消耗低； 环境温度操作； 不添加化学品	TG 和 FFA 之间分子量差别小，使分离少； 没有实用的、合适的、高选择性膜，渗透通量小

第四节　脱色工艺

纯净的甘油三酯在液态时呈无色，在固态时呈白色。但常见的各种植物油都带有不同的颜色，这缘于植物油中含有一定数量和品种各不相同的色素。这些色素的存在会影响植物绝缘油的外观及电气绝缘性能，所以要生产性能优良的植物绝缘油就必须对植物油进行脱色处理。脱色不但可以脱除植物油中的色素，还可以除去植物油中的微量金属、残留的微量皂粒、磷脂、多环芳烃、残留农药、部分臭味物质及其他极性杂质等，能够有效改善植物绝缘油的电气绝缘性能。

脱色的方法很多，工业生产中应用最广泛的是吸附脱色法。此外还有加热脱色、氧化脱色、化学试剂脱色等。事实上，在植物绝缘油精炼过程中，油中色素的脱除并不止在脱色工段，在脱胶、脱酸、脱臭等工段都有辅助的脱色作用。

一、吸附脱色法

吸附脱色法，就是利用某些对色素具有较强选择性吸附作用的物质，如漂土、活性白土、活性炭等，在一定条件下吸附植物油中的色素及其他杂质，从而达到脱色的目的。经过吸附脱色处理的植物油，不仅达到了改善油色、脱除胶质的目的，而且还能有效提高植物绝缘油的电气绝缘性能，为植物绝缘油的进一步精炼提供良好的条件。

很多脱色吸附剂都具有吸附植物油中色素的能力，但是不同种类的吸附剂因其表面结构的不同而具有特定的性质，只有少数能应用于植物绝缘油工业生产。应用于植物绝缘油工业的吸附剂应具备下列条件：

（1）对植物油中色素有较强的吸附能力，即用少量吸附剂就能达到吸附脱色的工艺效果。

（2）对植物油中色素有显著的选择吸附作用，即能大量吸附色素而吸油较少。

（3）化学性质稳定，不与植物油发生化学作用，不使油带上异味。

（4）方便使用，能以简便的方法与植物油分离。

（5）来源广、价廉、使用经济。

在植物油的吸附脱色过程中，除吸附作用外，往往还伴有热氧化副反应。这种副反应对植物油脱色有利的是部分色素因氧化而褪色，不利的是因氧化而使色素固定（对吸附作用无反应）或产生新的色素以及影响植物油的稳定性。

吸附脱色分常压和真空操作两种类型。常压脱色时热氧化副反应总是伴随着吸附作用，而真空脱色由于在负压下操作，相对于常压操作，其热氧化副反应甚微，理论上可以认为只存在吸附作用。

植物绝缘油炼制工艺中，通常要求植物油在真空条件下脱色。一方面因为在氧气存在下植物油的色度变化过程复杂，可能同时出现如下变化：现存色素变深，由无色前体形成色素，其他色素破坏，色素吸附性能降低等；另一方面，在有氧气存在以及脱色温度较高、脱色时间较长时，活性白土可能使植物油的脂肪酸甘油三酯发生部分异构化，生成一定量含有共轭酸的甘油三酯，导致脱色油保存时的质量和稳定性下降。此外，有氧存在下，植物绝缘油会与氧发生反应生成水、醇、醛、有机酸、聚合物及沉淀等一系列产物。因此，在脱色过程中应隔绝氧气，并控制脱色温度和脱色时间来确保脱色的效果。

脱色前的植物油质量对脱色效率的影响也甚为重要。当待脱色植物油中残留胶质和悬浮物时，这部分杂质即会占据部分活化表面，从而降低脱色效率或增加吸附剂用量。因此脱胶及脱酸过程中务必掌握好操作条件，以确保工艺效果。

植物油吸附脱色分间歇式和连续式。间歇式脱色即植物油分批与吸附剂作用，间断地完成吸附平衡和分离的一类工艺，而连续式脱色工艺则是植物油在连续流动的状态下与定量配比的吸附剂连续地完成吸附平衡的一类工艺。目前，植物绝缘油精炼工艺中主要采用间歇式脱色工艺，典型工艺流程如图 3-4 所示。

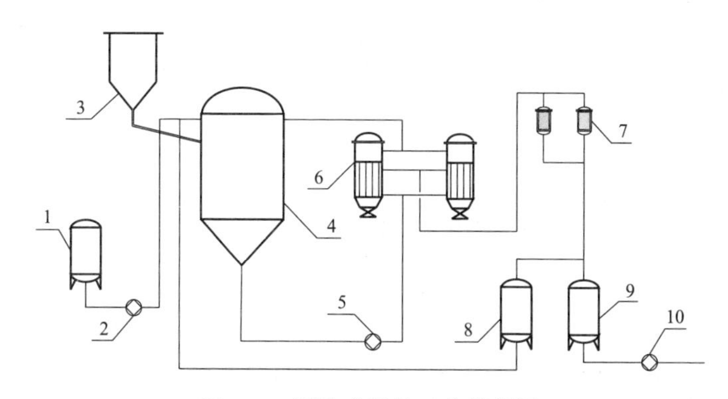

图 3-4　间歇式脱色工艺流程图

1—碱炼油暂存罐；2—碱炼油输送泵；3—吸附剂添加装置；

4—脱色罐；5—脱色泵；6—过滤机；7—保安过滤器；

8—浊油罐；9—清油罐；10—脱色油输送泵

采用常规间歇脱色工艺时，暂存罐中的碱炼油通过碱炼油输送泵或是真空吸入的方式转入脱色罐中，在真空下碱炼油加热至所需温度后与吸附剂在搅拌条件下充分接触并达到吸附平衡，然后经脱色泵转入过滤机进行脱色油与吸附剂的分离。过滤后浊油罐中的油通过真空吸入脱色罐中进行再次脱色，清油罐中的脱色油通过脱色油输送泵转入下一工序。

二、其他脱色方法

（一）光能脱色法

光能脱色法是利用色素的光敏性，通过光能对发色基团的作用而达到脱色目的的一种脱色方法。但是光能脱色时会伴有植物油的光氧化，且会产生载体，从而促进植物油的氧化酸败，导致酸值上升及极性杂质的产生，进一步降低其理化、电气绝缘性能。因此该方法不适应于植物绝缘油精炼工艺。

（二）热能脱色法

热能脱色是利用某些热敏性色素的热变性，通过加热而达到脱色的目的。该方法可在常压或减压下进行，操作温度为140℃左右，但是不可避免地伴随着植物油热氧化，且往往由于操作不当而导致氧化及新色素的产生。因此该方法同样不能满足植物绝缘油的精炼工艺的需求。

第五节 脱 臭 工 艺

纯净的甘油三酯是没有气味的，但是不同的植物油都具有不同程度的气味，通常将这些植物油所携带的气味称为“臭味”，其主要组分有低分子的醛、酮、游离脂肪酸及不饱和碳氢化合物等。

脱臭是利用植物油中臭味物质与甘油三酯挥发度的差异，在高温和高真空条件下，水蒸气通过含有臭味组分的植物油，汽-液表面相接触，水蒸气被挥发的臭味组分所饱和，并按其分压的比率逸出，进而达到脱除臭味组分的目的。它不仅可除去植物油中的臭味物质，有效提高植物油的闪点和燃点，还能够除去一定的游离脂肪酸，进一步降低植物油的酸值。此外，脱臭还能够除去植物油中的过氧化物、部分热敏性色素、蛋白质的挥发性分解物、小分子量的多环芳烃及残留农药等，有效改善植物油的色度、稳定性及电气绝缘性能。

植物油脱臭前一般需经过脱胶、脱酸和脱色处理（游离脂肪酸含量较高的植物油，考虑到经济效益，可将物理脱酸与脱臭操作合并进行），各工序都要求严格控制质量。经过脱色处理的植物油，应不含胶质、微量金属离子及吸附剂等。吸附剂滤饼回收的油，过氧化值较高，不宜并入脱色油中供作脱臭植物油。

需要注意的是，脱臭是在高温下进行的，脱臭设备要用不锈钢制造，否则脱臭过程会引起油脂色泽大幅度增加，降低植物绝缘油的抗氧化稳定性。此外植物油在高温、高真空条件下可能会发生热聚合反应，产生极性聚合物，不利于电气性能的改善。

脱臭工艺主要分为间歇式、半连续式和连续式 3 种。

一、间歇式脱臭工艺

间歇式脱臭适合于产量低、加工小批量植物绝缘油的工厂。其主要缺点是汽提水蒸气的耗用量高及难以进行热量回收利用。

间歇式脱臭器应具有非常好的绝热性。由于脱臭器上部空间没有装油，所以在脱臭时蒸发出的挥发性组分在上部空间被冷凝而产生回流。为防止这一点，脱臭器上部需进行加热保温。

在脱臭器下部增加冷却段可以使脱臭后的热油在此与待脱臭的冷油进行热交换。这样不仅回收了热油约 50%的热量用来对冷油进行加热，而且脱臭后的热油在真空条件下得到了预冷却。间歇式脱臭的操作周期通常在 8h 内完成，其中需要在最高温度下维持 4h。目前，植物绝缘油精炼工艺中主要采用间歇式脱臭工艺，典型工艺流程如图 3-5 所示。

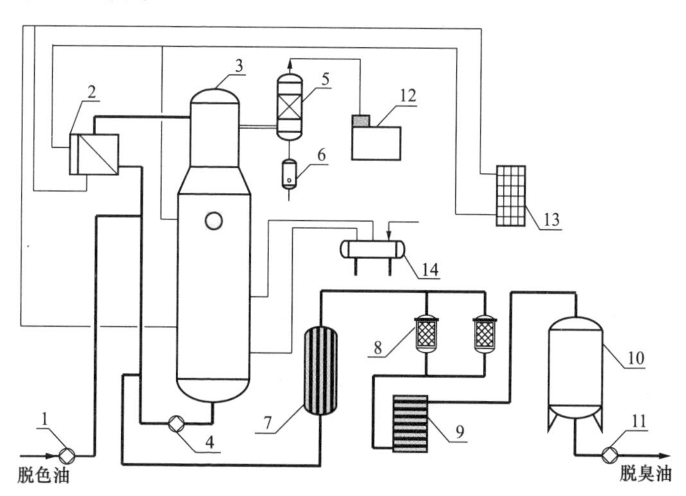

图 3-5　间歇式脱臭工艺流程图

1—脱色油输送泵；2—螺旋加热器；3—脱臭罐；4—输送泵；5—脂肪酸捕集罐；6—脂肪酸收集罐；7—管式换热器；8—保安过滤器；9—板式换热器；10—脱臭油储罐；11—脱臭油输送泵；12—真空设备；13—导热油系统；14—蒸汽分配器

二、半连续式脱臭工艺

半连续式脱臭主要应用于对精炼的植物油品种作频繁更换的工厂。半连续式和连续式相比较，主要优点是更换原料的时间短，系统中残留植物油少，且没有连续工艺中的折流板，植物油能够快速的排出。

与连续式脱臭工艺相比，其主要缺点是热量回收利用率低，设备成本较高。另外，与外部热交换形式相比较，在加热和冷却分隔室中要用蒸汽搅拌，进而使脱臭总的蒸汽消耗量增加了10%～30%。

三、连续式脱臭工艺

连续式脱臭工艺比间歇式和半连续式需要的能量较少，适用于不常改变植物油品种的加工厂。由于植物油的连续流动性，脱臭时较容易完成热量的回收。该方法取决于植物油在真空加热或冷却条件下的敏感程度。棕榈酸和月桂酸型的植物油通常能在外部换热器中完全加热和冷却，热回收率达80%，而且没有任何质量或操作问题。另外，大豆油和类似的植物油通常要求在真空下部分冷却。在这种情况下，至少有部分热量回收一定是在植物油流经分隔室中或分隔的真空容器中进行的，这使得热量回收更困难。

第六节　脱 水 工 艺

绝缘油中含水量是衡量电力变压器绝缘效果的重要参数。当绝缘油中含水量超过一定值，局部放电起始电压和击穿强度也随绝缘系统含水量增加而急剧降低，对设备运行构成威胁，严重时可导致绝缘击穿、烧毁设备等重大事故。变压器油（矿物绝缘油）明确规定投入运行前含水量不大于 20mg/kg，植物绝缘油明确规定投入运行前含水量不大于 200 mg/kg。故需要对炼制的植物绝缘油进行脱水处理。

植物绝缘油炼制过程中，物理脱酸或脱臭工艺都是在高温、高真空情况下进行，脱去游离脂肪酸和臭味物质的同时也能有效地降低植物绝缘油中的水分，但是并不能满足植物绝缘油对含水量的要求。

此外，为满足植物绝缘油某些特定参数的性能要求，也需结合不同的工艺及方法来完成操作，所以炼制过程的最后工艺不一定是物理脱酸或脱臭，也可能是其他的工序。例如，在脱臭工艺结束后采用二次碱炼脱酸工艺进一步降低植物绝缘油酸值，水洗后其含水量可以达到 3000～4000mg/kg，即使采用了高温真空脱水也满足不了相关标准要求，因此必须采用额外的脱水工艺来降低其含水量。

脱水工艺可以有效去除绝缘油中的水分，同时也可以去除一部分固体颗粒、挥发性物质及极性物质等，大大改善其理化、电气性能。目前，国内的矿物绝缘油真空脱水设备均采用双级真空，一般压强不超过 1.33×10^{2}Pa，并且都带有加热装置，油温可控制在 30～80℃，对矿物绝缘油脱水、脱气都具有良好的效果。典型的真空脱水工艺流程如图 3-6 所示。

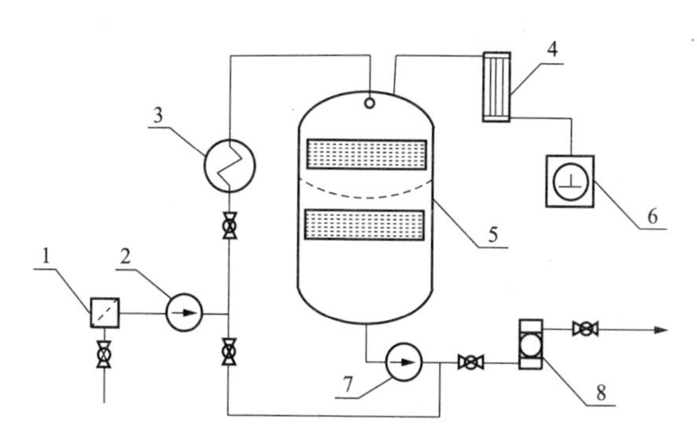

图 3-6　真空脱水工艺流程示意图

1—过滤器；2—进油泵；3—加热器；4—冷凝器；

5—真空罐；6—真空系统；7—出油泵；8—过滤器

真空脱水是依据绝缘油和水在相同温度下其饱和蒸汽压相差很大的原理，且绝缘油表面上方维持较高的真空度，即液面上的气压远低于水分在该温度下的饱和蒸汽压，此时水分以蒸发或是沸腾的方式迅速生成水蒸气，而绝缘油几乎不发生汽化，汽化生成的水蒸气不断被真空泵抽走，进而达到高效快速脱水的目的。

在温度等其他条件不变的情况下，若增大真空度，也就是绝缘油中水分的饱和蒸汽压和实际蒸汽压差变大（绝缘油的饱和蒸汽压随温度的变化不大，故可以忽略），可有效提高绝缘油中水分的蒸发速度。

该方法同样适用于植物绝缘油的脱水处理，但是只适用于低含水量植物绝缘油的脱水处理。若需处理高含水量的植物绝缘油，则需要与其他脱水工艺配合使用。

第七节　植物绝缘油典型炼制工艺

植物绝缘油炼制是一个复杂的物理和化学变化的过程。这种过程能对植物油中的伴随物选择性的发生作用，使其与甘油三酯的结合减弱并从油中分离出来，进而实现植物绝缘油精炼的目的。为了使某些参数满足植物绝缘油的要求，就需要在炼制的某个工序中结合几种不同的方法来完成其工艺操作，或是优化工艺的参数来提高精炼的效果。例如碱炼脱酸是利用碱液和植物油中的游离脂肪酸进行中和反应来降低其酸值，且生成的皂脚会对植物油中的部分杂质和色素等产生吸附作用，能够配合脱色完成色素的去除。此外，单纯的碱炼脱酸很难使植物绝缘油酸值满足标准要求，还需要物理脱酸或二次碱炼脱酸配合使用。因此炼制工艺大都是不能将其截然分开的，其特性和次序一方面由植物油本身的性质和质量决定，另一方面取决于植物绝缘油的性能需求及精炼的深度。

在炼制工艺中，应注意各个工艺阶段的条件选择，以便能最大限度地防止植物绝缘油与空气中的氧气、水分、热及添加剂的不良反应。此外，还应注意炼制过程中不同工艺的调整及方法选择，只有不同工艺之间科学而有效的结合才能提高植物绝缘油的精炼率，进一步保证植物绝缘油的品质。典型的植物绝缘油炼制工艺如图 3-7 所示。

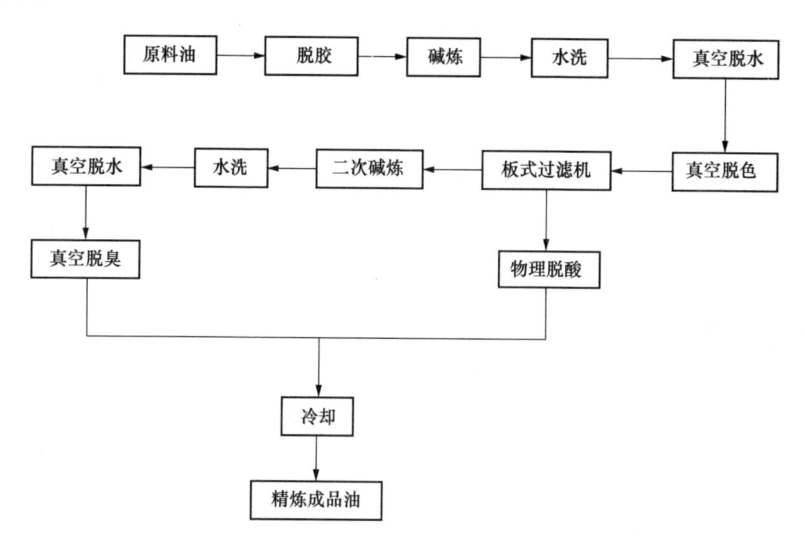

图 3-7　植物绝缘油典型炼制工艺流程图

典型工艺参数如下：

（1）将植物原油泵入碱炼锅并加热至 60℃，然后加入占植物原油质量 0.3%、浓度 85%的磷酸溶液，以 80r/min 的转速搅拌 60min 使其混合均匀。

（2）混匀后加入蒸馏水进行水洗并静置；静置结束后，排去底部废弃物，并冷却至室温。

（3）在 80r/min 转速下对碱炼锅内脱胶后的植物原油进行加热，并将油温控制在 35～40℃。

（4）测出原料油酸值，并算出理论加碱量，超量碱为原料油重的 0.3%～0.35%；算出总用碱量，配置 12°Bé 氢氧化钠溶液，加热至 35～40℃。

（5）在 5～10min 内将氢氧化钠溶液喷洒入碱炼锅内进行碱炼

中和，加入氢氧化钠的同时对原油进行升温。待加碱结束后油温控制在 70℃左右；80r/min 转速下持续搅拌 10～15min 后，改为慢搅 30min（40r/min）。

（6）搅拌结束后，静置 8～10h，待皂脚和植物油彻底分离后，将皂脚排出，将油加热至 80℃，在 80r/min 的搅拌速度下加入 90℃的蒸馏水进行水洗，蒸馏水用量约为油重的 10%～15%，持续搅拌 10min 后静置 2h，并排去底部废水。重复进行水洗，直到水洗后底部排出的废水 pH 在 7～8 之间。

（7）将碱炼水洗后的油通过真空脱水器，在–0.094～–0.1MPa 真空状态下将油加热至 100～105℃进行真空脱水。

（8）将真空脱水后的油泵入脱色锅中，维持油温在 100～110℃之间，在–0.098～–0.1MPa 真空状态下进行搅拌，并通过活性白土添加装置将白土加入脱色锅进行吸附脱色，活性白土添加量为油重的 3%～5%。

（9）脱色 40min 后，采用板式过滤机对脱色后的植物油进行过滤处理以除去其中的活性白土。

（10）将滤油处理后的脱色油泵入碱炼锅中并将油温降低至 75～80℃，80r/min 转速下持续搅拌。

（11）计算出植物油酸值，算出理论加碱量，超量碱为原料油重的 0.05%～0.12%；算出总用碱量，碱液用水量为油重的 10%～12%，并加热至 75～80℃。

（12）在 5～10min 内将氢氧化钠溶液喷洒入碱炼锅内进行碱炼。加碱结束后在 80r/min 转速下持续搅拌 10～15min 后，改为慢搅 30min（40r/min）。

（13）搅拌结束后，静置 8～10h，待皂脚和植物油彻底分离后，将皂脚排出，将油温加热至 80℃，在 80r/min 的搅拌速度下加入 90℃的蒸馏水进行水洗，蒸馏水用量为油重的 15%～18%，持续搅拌 10min 后静置 2h，并排去底部废水。重复进行水洗，直到水洗后的底部废水 pH 在 7～8 之间。

（14）将碱炼水洗后的油通过真空脱水器，在–0.094～–0.1MPa 真空状态下将油加热至 100～105℃进行真空脱水。

（15）将真空脱水后的油泵入脱臭锅，在真空度 130～150Pa 下，将油温加热至 250～260℃后进行脱臭处理 4～6h，直接蒸汽用量为油重的 5%～8%。

（16）脱臭处理结束后进行循环降温处理，降温至 50℃以下，破除真空，将油打入储油罐密封保存等待进行真空滤油处理。

如采用物理脱酸工艺，则将板式过滤机处理后的植物油直接输送至脱酸塔，即：

（1）脱色 40min 后，采用板式过滤机对脱色后的植物油进行过滤处理以除去其中的活性白土。

（2）经过滤处理后，在 120Pa 真空条件下，将脱色后的油温升至 250～255℃，将部分植物油注入脱酸塔中对整个脱酸系统进行循环预热。

（3）当脱酸塔出口温度达到 240～245℃时，将脱色后的油连续注入脱酸塔进行脱酸，注入流量控制在1000～1500L/h；同时，进行底部蒸汽喷射，直接蒸汽流量为天然酯注入流量的 8%。

（4）脱酸后的植物绝缘油酸值大于 0.03mg/g（以 KOH 计）时，再次循环进行物理脱酸处理；酸值小于 0.03mg/g（以 KOH 计）时，采用二级水冷方式进行冷却，并将植物油打入储油罐密封保存等待进行真空滤油处理。

采用上述工艺条件，制得的成品植物绝缘油性能稳定，击穿电压在 75kV 及以上，介质损耗因数在 1%以下，酸值在 0.02～0.04mg/g（以 KOH 计）之间，完全可以达到 IEC 62770、ASTM D 6871 及 DL/T 1811 对植物绝缘油的性能要求。

第四章

植物绝缘油性能参数

第一节　物 理 性 能

一、外观

外观是植物绝缘油的重要质量指标之一，能够最直观的表征植物绝缘油的纯净程度和精炼程度。通过肉眼观察未使用的植物绝缘油应该清澈、透明，无可见污染物、游离水和悬浮物。若植物绝缘油中含水量大，或磷脂、蛋白质、固体脂肪、蜡质或含皂量过多时，植物绝缘油就会出现浑浊，影响其透明度。因此植物绝缘油的外观检查是借助检验者的视觉，初步判断油品的纯净程度，是一种感官鉴定方法。

此外，通常情况下，要求植物绝缘油具有较浅的色泽，但是并非色泽越浅越好。色泽不但与原油油料籽粒的粒色有关，还与加工工艺与精炼程度有关（不同工艺阶段植物绝缘油外观对比见图 4-1）。但是在变压器运行过程中，植物绝缘油会由于其老化或其他因素导致色泽变深，所以运行中的植物绝缘油可以通过自身的色泽变化在一定程度上反映绝缘油本身的老化或劣化程度。

图 4-1　不同工艺阶段植物绝缘油外观对比

二、黏度

作为评价绝缘油流动性能的指标，黏度是绝缘油流动时内摩擦力的量度，反映了绝缘油内部分子做相对运动时内摩擦力的大小。黏度对于绝缘油在流动和运输时的流量与压力降有重要的影响。油的黏度与其化学组成密切相关，反映绝缘油成分组成的特性。

黏度是绝缘油重要的质量指标之一，分为动力黏度、运动黏度和恩氏黏度，我国标准规定的是运动黏度。

黏度对变压器的冷却效果有着密切的关系，黏度越低，绝缘油的流动性越好，冷却效果也越好。此外，低运动黏度有助于绝缘油穿过变压器窄油道，浸渍绝缘层，在绕组中充分循环。

植物绝缘油由于脂肪酸长烃基链之间的相互作用，相同温度下其运动黏度高于矿物绝缘油，所以散热能力较矿物绝缘油差，其运动黏度随温度变化曲线见图 4-2。可以看出随着温度升高，植物绝缘油的运动黏度下降速率远大于矿物绝缘油的运动黏度下降速率，当温度达到电力设备的正常运行温度时，植物绝缘油与矿物绝缘油的黏度差异大大减小。

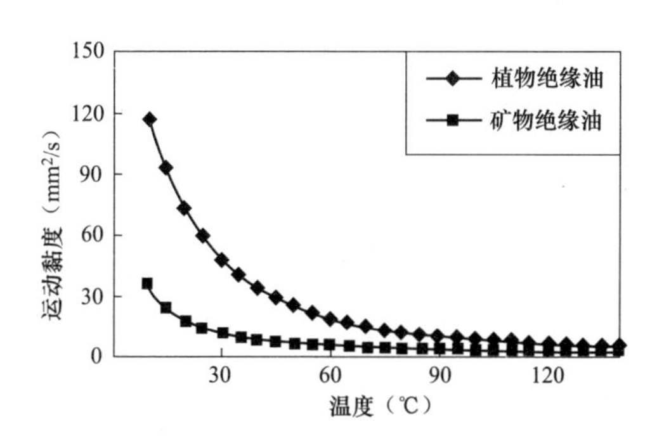

图 4-2　不同绝缘油运动黏度随温度变化曲线图

此外，植物绝缘油具有较高的热传导率，有利于热量的传递，能在一定程度上弥补黏度大造成的缺陷。也有文献指出，国产的

1000kVA 及以下的植物绝缘油变压器在保持结构不变的情况下，其温升只比采用矿物绝缘油的变压器升高 1K 左右，容量在 5000kVA 及以下温升升高 2～4K，容量在 10000kVA 及以下温升升高 4～7K。可见，黏度对小型变压器的散热影响很小，但是针对大型变压器就要对其绕组的油道结构进行适当的修正，增加散热面，以确保其温升满足要求。

此外，变压器用绝缘纸的浸渍速度与绝缘纸密度、浸渍温度和绝缘油的黏度有关。在相同的条件下，绝缘油的黏度越高，绝缘纸的浸渍时间就越长。所以植物绝缘油要比矿物绝缘油需要更长的时间来浸渍绝缘纸板，若采用厚绝缘纸板的变压器则需要更长的时间来充分浸渍植物绝缘油。植物绝缘油的浸渍速率与油温和纤维素纸板厚度成函数关系，浸渍速率应由变压器、绝缘纸板及植物绝缘油制造商提供，以保证植物绝缘油纸的浸渍效果。

变压器在注油前应通过提高植物绝缘油温度的方式来降低其运动黏度，进而提高植物绝缘油纸绝缘的浸渍效果。此外，DL/T 1811—2018《电力变压器用天然酯绝缘油选用导则》中明确规定“注满天然酯绝缘油（植物绝缘油）的变压器应在静置足够时间后方可进行高压试验。如无规定时，35kV 及以下变压器静置时间应不少于 24h，其他电压等级由变压器制造商确定”。

三、倾点和凝点

绝缘油刚好能流动的最低温度为倾点，而不能流动的最高温度称为凝点，两者均是评价绝缘油低温性能的指标。一般情况下，绝缘油的倾点比凝点高 2～3℃。

凝点和倾点是用户选用绝缘油的重要依据。绝缘油凝点（倾点）低，则可在较低的环境温度下保持低黏度，进而保证运行变压器内部的正常循环，确保绝缘和冷却效果。

植物绝缘油的凝点较矿物绝缘油高，这与植物绝缘油中甘油三酸酯的种类与结构相关，当植物绝缘油中脂肪酸的饱和度越高，其凝点越高，对应的低温流动性能越差，一般可以通过选择脂肪酸饱和程度较低的原油进行炼制，例如菜籽油的凝点就低于大豆油。此外也可以通过添加降凝剂降低植物绝缘油的倾点和凝点。

为了进一步研究植物绝缘油低温特性对变压器绝缘强度的影响，研究人员对凝固状态下的植物绝缘油及植物油纸绝缘结构进行了相关试验，结果表明：在–25℃的低温条件下，以大豆油为原油的植物绝缘油已成为凝固状态，其击穿电压只比液态（25℃）时下降了 3.2kV 且凝固后的植物绝缘油纸绝缘结构的耐压水平基本没变，绝缘性能并未降低，具体数据见表 4-1 和表 4-2。

表 4-1　　不同温度下植物绝缘油击穿电压测试结果

测试温度（℃）	击穿电压（kV）	平均值（kV）
25	55.8、55.6、66.2、63.2、62.2、63.0	61.0
–10	67.3、55.6、57.4、65.8、63.0、59.7	61.5
–15	74.1、28.3、67.5、66.8、63.4、62.1	60.4
–25	73.4、27.5、61.4、60.1、53.5、70.7	57.8

表 4-2　不同温度（状态）下植物绝缘油纸绝缘组合击穿电压测试结果

测试温度（℃）	击穿电压（kV）	平均值（kV）
25（液态）	51.2、48.5、45.4、40.9、34.2、30.5	42.3
–25（固态）	55.0、49.1、44.1、41.8、36.9、32.7	43.3

同时，将 10kV/315kVA 植物绝缘油配电变压器在室温–30℃的条件下降温 48h 后，仍可以顺利通过耐压试验，且可以在低温下挂网持续运行。随着变压器中植物绝缘油由凝固状态转变为液态，不同温度下的局部放电也没有明显变化。可见，植物绝缘油即使在低温下会出现凝固现象，但是其变压器仍然可以成功冷态启动，且凝固现象对变压器的绝缘强度基本没有影响。

对于植物绝缘油变压器来说，冷态启动主要是考虑绝缘油流动性差及黏度增大引起的机械转动部件的损坏；而矿物绝缘油变压器主要考虑低温条件下其绝缘性能降低而带来的风险。

四、水分

水分是影响绝缘油老化速度和绝缘性能的一项重要指标。对绝缘油水分含量进行严格的监督是保证变压器安全运行必不可少的一个试验项目，通常电压越高的电气设备要求绝缘油的含水量越低。

水在绝缘油中主要以溶解水、悬浮水和游离水三种状态存在，通常情况下绝缘油中的水分指溶解水，其含量与绝缘油的化学组成、温度、暴露于空气中的时间及油的老化程度有着密切的关系。

当绝缘油中含水量超过一定限制时，其电气绝缘强度会随绝缘系统含水量的增加而急剧降低，对设备运行构成威胁，严重时可导致绝缘击穿、设备烧毁等重大事故。此外，水分还直接参与油、纸纤维素等高分子材料的化学降解反应，促使这些材料降解老化，从而加速绝缘系统介电强度的降低和各项性能的劣化。

矿物绝缘油主要成分是环烷烃、烷烃、芳香烃等，饱和含水量较低，且水分含量过高时，绝缘油中的水分会向固体绝缘材料中扩散，进而导致固体绝缘件的绝缘强度下降。植物绝缘油的主要成分是甘油三酯，其含有一定的羟基和羰基等亲水基团，相同温度下植物绝缘油的饱和含水量远远大于矿物绝缘油，20℃时矿物绝缘油的饱和含水量约为 50mg/kg，而植物绝缘油饱和含水量则为约 1000 mg/kg，且水分达到相对饱和时，才会发生电气性能突变。

此外，植物绝缘油吸水性优于矿物绝缘油，可以很好地吸收绝缘纸板中的水分，有效地降低绝缘材料的老化速率。此外，一定程度上含水量的增加，对植物绝缘油的绝缘性能几乎没有影响，有利于延长变压器的使用寿命。变压器中灌注植物绝缘油完成，且静置时间满足要求后，植物绝缘油中的水分满足表 4-3 的要求后，才能对变压器进行通电操作。

表 4-3　　变压器注油后对植物绝缘油水分的要求

序号	电压等级（kV）	水分要求（mg/kg）
1	≤35	≤300
2	110（66）	≤150
3	220	≤100

五、密度

密度是指单位体积绝缘油的质量。它影响绝缘油的热传导率，而且还能用于确定油品是否适用于某些特殊场合，特别是对在寒冷地区工作的变压器中，冬季暂时停用期不出现浮冰更有实际意义。由于绝缘油的密度受温度影响较大，标准规定的密度是指 20℃时的值，单位为 g/cm^3 或 g/mL。

植物绝缘油的密度与其分子构成有密切的关系，组成甘油三酯的脂肪酸相对分子质量越小，不饱和程度越大，羟酸含量越高，则其密度越大。这是因为，脂肪酸中的不饱和键要比饱和的碳-碳单键的键长短一些（如碳—碳双键的键长约 0.134nm，共轭双键的键长约 0.137nm，而碳—碳单键的键长为 0.154nm），这样随着脂肪酸不饱和程度的增高，单位体积内脂肪分子密度增大，绝缘油的密度也随之增大。而脂肪酸相对分子质量越小，说明碳链越短，与相对分子量大的长碳链的脂肪酸相比，分子中氧所占的比例越大，氧在构成脂肪的各元素中，原子量最大，所以组成植物绝缘油的脂肪酸相对分子量越小，植物绝缘油的密度就越大。

植物绝缘油密度均小于 1g/mL，其数值在 0.908～0.970 之间变动。

六、界面张力

绝缘油的界面张力是指在油-水两相的界面上，由于两液相分子都受到各自内部分子的吸引，且各自都力图缩小其表面积，这种使液体表面积缩小的力称为界面张力，单位为mN/m。

绝缘油界面张力的大小取决于油中所含极性物质数量的多少。绝缘油中极性物质越少，处于界面上油分子和水分子间的作用力越小，界面张力就越高。界面张力可以作为从绝缘油中所含极性物质多少的角度来反映其劣化、污染程度，因此检测界面张力是检查绝缘油中是否含有因劣化、污染而产生可溶性极性杂质的一种间接而有效的办法。

矿物绝缘油是多种烃类的混合物，在精制过程中一些非理想组分，包括含氧化合物等极性分子基本被去除，因此纯净的矿物绝缘油具有较高的界面张力，一般可以达到40～50mN/m。

植物绝缘油中的脂肪酸甘油三酯结构是在一个甘油基上连接三个羧基（—COOH），而羧基是有极性的。从甘油三酯的分子结构上来说，若甘油基上连接的三个羧基相同，甘油三酯的分子空间结构对称，则不存在因空间结构不对称而具有的极性效应；若甘油基上连接的三个羧基不同，则甘油三酯的分子空间结构不对称，会产生因空间结构不对称而具有的极性效应。因此植物绝缘油分子是具有极性的，故植物绝缘油的界面张力比矿物绝缘油低，其界面张力典型值在25～30mN/m之间。当运行中的植物绝缘油界面张力比初始值降低 40%以上时应对绝缘油做进一步的检查。

第二节　化 学 性 能

一、酸值

酸值是指在规定条件下中和 1g 绝缘油中的酸性组分所消耗

的氢氧化钾（KOH）毫克数，单位为 mg/g，是绝缘油中有机酸和无机酸的总和，是评定新油和运行油老化程度的重要指标。

绝缘油在运行过程中会不可避免地与氧接触，同时油温升高，变压器等电气设备中的铜、铁等金属以及各种纤维都会加速空气中氧气对绝缘油的氧化过程，所以酸值是判断绝缘油是否能继续使用的一项重要指标。

绝缘油中的酸性组分对电力设备的腐蚀有两种方式：一种是金属首先被酸值组分或绝缘油老化生成的过氧化物氧化为金属氧化物，再溶于酸，其化学通式为

$$M+ROOR \longrightarrow ROR+MO \tag{4-1}$$

$$MO+2RCOOH \longrightarrow (RCOO)_2M+H_2O \tag{4-2}$$

式中　M——金属；

MO——金属氧化物；

ROOR——过氧化物；

ROR——酮或其过氧化物的还原产物；

RCOOH——有机酸；

$(RCOO)_2M$——金属盐。

另一种方式：当有水存在时，空气中的氧就可以把金属氧化为氢氧化物，再与有机酸起作用，其化学反应通式为

$$2M+O_2+2H_2O \longrightarrow 2M(OH)_2 \tag{4-3}$$

$$M(OH)_2+2RCOOH \longrightarrow (RCOO)_2M+2H_2O \tag{4-4}$$

式中　$M(OH)_2$——金属氢氧化物。

酸值增高除了会腐蚀设备外，也会提高绝缘油的导电性，降低油的绝缘强度，如遇到高温时，会促进固体纤维绝缘材料老化，进一步降低电气设备的绝缘水平，进而缩短设备的使用寿命。

除非受到污染，新矿物绝缘油的酸值可以达到非常低的水平，对于未使用过的矿物绝缘油酸值一般要求小于 0.03mg/g。

植物绝缘油来源于油料种子，制取的原料油中就含有约 1%

的游离脂肪酸，经过精炼可以有效地降低植物绝缘油的酸值，但是仍然会含有一定量的游离脂肪酸，很难达到矿物绝缘油的酸值水平。现有国内外植物绝缘油相关标准均要求未使用的植物绝缘油酸值不大于 0.06mg/g。

二、腐蚀性硫

腐蚀性硫又称活化硫，一般包括元素硫、硫化氢、低分子硫醇、二氧化硫、三氧化硫、硫磺和酸性硫酸酯等。腐蚀性硫的存在会促使有害皂类的形成和绝缘油的酸性反应，也会对金属和非金属产生很强的腐蚀作用，在变压器中会对铜线、铁材及绝缘材料造成腐蚀，危害极大，因此绝缘油中不允许存在腐蚀性硫。

矿物绝缘油是由石油精炼而成的，油中不稳定的硫化物会与变压器中的铜发生反应生成 Cu_2S 和油溶性的有机残留物。Cu_2S 是一种微导电物质，导电性能远远高于绝缘纸和绝缘油。随着变压器的运行，逐渐生成的 Cu_2S 随着绝缘油的流动和冲刷悬浮到绝缘油中或被吸附到绝缘纸板上。绝缘纸板上吸附的 Cu_2S 达到一定量就会改变变压器内部的电场分布，降低绕组内线圈的绝缘强度，产生局部放电，绝缘材料被击穿，产生严重的电弧放电，进而造成设备故障。

植物绝缘油均来源于天然的油料作物，而且在整个精炼工艺中都不会引入硫及硫化物，所以不会存在腐蚀性硫。FR3、NP、MIDEL eN 等植物绝缘油按照 ASTM D1275、IEC 62535、SH/T 0804 等相关标准对腐蚀性硫进行了测试，测试结果均表明无腐蚀性。可见，用植物绝缘油替代矿物绝缘油，可以有效避免由腐蚀性硫引起的变压器故障，进一步确保变压器的安全稳定运行。

三、糠醛

糠醛是一种五环化合物，其化学分子式为 C_4H_3OCHO，常温下为液态，不易挥发，是固体绝缘纸板降解（老化）的特征性产物，并且在绝缘油中具有很好的稳定性和良好的积累效果。

通过实验室和大量绝缘油中糠醛取样测定数据的统计分析，发现绝缘纸纤维素分子链断裂生成物中，糠醛较碳氧化物更能表征绝缘纸的老化程度。而在新绝缘油中表征其在炼制过程中经精制后糠醛的残留量，与绝缘油的性能无关，而且限制新绝缘油中的含量是为了尽量避免对运行中绝缘老化程度判断的干扰。

未使用过的植物绝缘油中应不含糠醛。绝缘油中糠醛及相关化合物应按 NB/SH/T 0812 进行检测，未使用的植物绝缘油中也可能存在痕量的某些呋喃化合物。

四、氧化安定性

绝缘油在一定条件下抵抗氧化作用的能力称为氧化安定性。变压器在运行过程中发生故障除自身绝缘问题外，还与绝缘油的氧化安定性较差有着直接的关系。绝缘油注入变压器后，在运行过程中因受到溶解在油中的氧气、温度、电场、电弧、水分、杂质及金属催化剂等因素的作用而发生氧化、裂解等化学反应，会不断变质，生成大量的过氧化物及醇、醛、酮、酸等氧化产物，这些氧化产物将会对变压器造成致命的影响。因此绝缘油的氧化安定性是保证变压器长期安全运行的一项重要指标。绝缘油的氧化安定性越好，其使用寿命就越长，对变压器的长期稳定运行更有利。酸值、油泥及介质损耗因数等都是表征绝缘油抗氧化能力的性能指标。

植物绝缘油主要成分是脂肪酸甘油三酯，比矿物绝缘油氧化安定性差，需加入一定的抗氧化剂以提高其抗氧化能力，其氧化机理具体见第六章。抗氧化剂可以延缓植物绝缘油的氧化，避免凝胶和酸性物质的形成，例如 2，6-二叔丁基对甲酚（DBPC），即 BHT。添加剂的检测方法参照 IEC 60666 或其他合适方法，且添加剂的质量分数不应大于 5%。植物绝缘油供应商应告知用户所有添加剂的类型及抗氧化剂和钝化剂的浓度。最初的添加剂类型和浓度对于植物绝缘油变压器的运行和维护指导非常有用。

第三节　电 气 性 能

一、击穿电压

击穿电压是指绝缘油在电场的作用下，形成贯穿性桥路，发生破坏性放电，使电极（导体）间降至零（短路）时的电压，是衡量绝缘油在变压器内部能耐受电压的能力和不被破坏的尺度，可用来判断绝缘油含水及其他杂质污染的程度，是检测绝缘油性能好坏的主要手段之一。

击穿电压值与绝缘油的组成和精制程度等本质因素无关，主要受绝缘油中气泡、杂质、温度、电场状况和电压作用时间等因素的影响。绝缘油中的杂质主要是水分、气体和纤维。当绝缘油中含有带水分的纤维杂质时，将引起油中的电场发生畸变，造成局部电场强度增大，引起油中放电和击穿。

水是一种极性分子，在电场力的作用下很容易被拉长，并沿着电场方向排列，从而在两极间形成导电“小桥”，即使在绝缘油中含有微量水分，这种导电小桥也会立即产生，并连接两极，使击穿电压剧降。此外，绝缘油击穿电压的大小，不仅取决于含水量的大小，还取决于水分在绝缘油中的存在形态。

绝缘油中存在的气泡在较低的电压下便可游离，并在电场力作用下，在电极间也会形成导电的“小桥”，将绝缘油击穿，进而降低绝缘油的击穿电压。

因此，绝缘油必须经过滤、干燥及脱气等净化处理后才能投入使用，不同绝缘油的击穿电压值都可得到较大提高。植物绝缘油由于其自身的组成特性，吸水性及饱和含水量远远大于矿物绝缘油，故更需要相应的处理措施来维持较低的含水量以保证其良好的电气性能。此外，植物绝缘油变压器还应采用密封式结构，以防止更多的潮气进入变压器中。

二、介质损耗因数

介质损耗因数（$\tan\delta$）是由于介质电导和介质极化的滞后效应在其内部引起的能量损耗，取决于油中可电离的成分和极性分子的数量，同时还受到绝缘油精炼程度的影响。介质损耗因数的大小对判断绝缘油的劣化与污染程度是很敏感的。

对于新绝缘油而言，介质损耗因数反映了绝缘油精炼程度的好坏。一般来讲，新绝缘油的极性杂质含量甚少，所以介质损耗因数也很小。但是若精炼效果不好，绝缘油中残留的有机酸、金属粒子等极性杂质在电场的作用下很容易发生极化，增大油的电导电流，从而使绝缘油的介质损耗因数增大。

对于运行中的绝缘油而言，介质损耗因数反映了运行油的老化及劣化程度。绝缘油的老化程度越深，油中所含的极性杂质越多，这些老化产物在电场的作用下会增大绝缘油的电导电流，进而导致绝缘油的介质损耗因数增大。

绝缘油的介质损耗因数增大会引起变压器本体绝缘特性的恶化，还会使绝缘内部产生热量，介质损耗越大，则在绝缘内部产生的热量越多，从而又促使介质损耗更为增大，如此循环就会在变压器绝缘缺陷处形成击穿，影响设备安全运行。

由于植物绝缘油自身组分影响，其介质损耗因数值大于矿物绝缘油。对于新的未使用的植物绝缘油，相关标准规定 90℃下介质损耗因数值不大于 4%，目前现有的炼制工艺可以使植物绝缘油介质损耗因数值达到 0.5%左右。

在某些情况下，虽然新的植物绝缘油介质损耗因数合格，但是注入变压器后，即便没有带负荷运行，即不存在过热引起植物绝缘油劣化的问题，也会导致绝缘油的介质损耗因数增大。注入变压器后，植物绝缘油对设备内的某些绝缘材料，如橡胶、油漆、白乳胶及其他有关的材料可能会产生溶解作用，形成某些极性杂质和胶体杂质，也就是植物绝缘油与变压器材料的相容性问题。

三、相对电容率

相对电容率，即相对介电常数，是指在一个电容器两电极之间和周围全部由绝缘油充满时的电容量与同样电极形状极板间为真空时的电容量之比，是介质极化和材料电导的度量。绝缘油的相对电容率很大程度上取决于试验条件，特别是温度和施加电压的频率。

植物绝缘油的相对电容率高于矿物绝缘油。这与植物绝缘油的甘油三酯分子结构有关，液体电介质的极化与液体中原子、分子及离子的偶极子转向极化有关，极性液体的偶极子转向极化率比电子位移极化率大两个数量级。矿物绝缘油为弱极性液体，其分子的固有偶极距小，在电场作用下以电子位移极化为主；而植物绝缘油的甘油三酯分子中存在羧基、酰基等极性基团，其固有偶极距大，在电场作用下以偶极子转向极化为主，所以植物绝缘油的相对电容率大于矿物绝缘油。

此外，植物绝缘油密度大于矿物绝缘油。液体电介质的相对介电常数与单位体积中的极化粒子数成正比，随着电介质密度的增加，单位体积内极化粒子数增多，因此植物绝缘油相对电容率有所增大。

在电场作用下，绝缘介质所承受的电压与介质的电容成反比，电容与其相对电容率成正比，因此植物绝缘油会承受更大的电压，从而使绝缘纸的击穿电压大大提高，植物绝缘油与绝缘纸配合得更好，油纸绝缘结构设计更合理。常见物质的相对电容率典型值见表4-4。

表4-4　　常见物质的相对电容率典型值

序号	物　质	相对电容率典型值
1	空气	1.0
2	矿物绝缘油	2.25

续表

序号	物　质	相对电容率典型值
3	植物绝缘油	3.2
4	橡皮	3.6
5	绝缘纸	4.5（平均）
6	瓷制品	7.0
7	纯水	81.0
8	冰（纯）	86.4

第四节 健康、安全和环境（HSE）性能

一、闪点和燃点

在规定试验条件下加热被试油品，随着温度的升高，绝缘油蒸气在空气中的含量达到一定浓度，当用外在火源引火时，在油面上出现短暂的蓝色火焰，这种现象称为油品的闪火现象，出现闪火现象的最低油温称为绝缘油的闪点。

燃点是指在规定试验条件下加热油品，直到能被外部火源引燃并可以持续燃烧不少于5s时的最低温度。

闪点和燃点是绝缘油防火安全最重要的火灾危险性参数。植物绝缘油开口闪点约为320℃，燃点约为360℃，高于300℃，属于国际电工委员会的IEC K级液体，比传统的矿物绝缘油高近180℃，比阻燃液体的最低要求高出60℃，高于美国电气规范（NEC）所规定的最低燃点（300℃），是一种环境友好型的高燃点绝缘油，具有比传统矿物绝缘油更优越的耐火性能。它有较低的起火焰性，为不扩展火灾油，能有效抑制电弧着火或燃烧，提高变压器和开关装置的安全性，能将火灾风险降至极低，使得发生火灾和爆炸的风险远远低于传统矿物绝缘油变压器。目前还没有涉及植物绝缘油变压器火灾的案例报道。典型变压器绝缘油基

本防火性能参数见表 4-5。

表 4-5　典型变压器绝缘油基本防火性能参数

序号	绝缘油种类	性能参数			
		闪点	燃点	比热	导热系数
		℃	℃	kJ/（kg·℃）	W/（m·K）
1	传统矿物油	147	165	1.63（20℃）	0.126（20℃）
2	α 油	266	308	—	0.110（20℃）
3	β 油	270	308	1.93（20℃）	0.130（20℃）
4	R-temp 油	284	312	—	0.129（20℃）
5	硅油	300	343	1.51（20℃）	0.157（25℃）
6	合成酯	275	322	1.88（20℃）	0.144（20℃）
7	植物绝缘油	322	358	1.88（25℃）	0.167（25℃）

此外，植物绝缘油变压器可以有效缩短与其他变压器、建筑物或其他变电站的隔离距离要求，具体如图 4-3 所示。

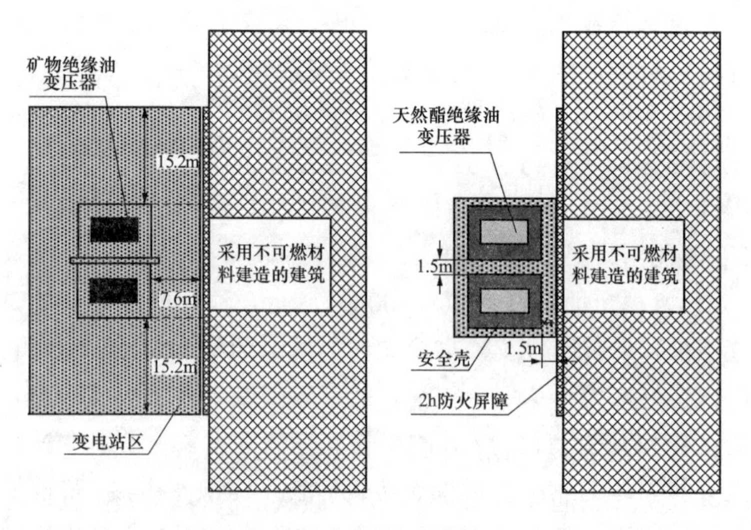

图 4-3　油浸式变压器隔离距离要求

二、生物降解

通常情况下，绝缘油的生物降解是指绝缘油能被自然界中存在的微生物消化、代谢、分解为 CO_2、H_2O 或组织中间体，并以一定条件下、一定时间内绝缘油被微生物降解的百分率来衡量。

植物绝缘油的主要成分是甘油三酯，甘油酯基易于水解，酯基链中的不饱和双键易受微生物攻击发生 β 氧化，使得植物绝缘油具有良好的生物降解性，同时其中的天然脂肪酸可在生物降解过程中起到促进作用。

植物绝缘油中甘油三酯类组分在微生物的作用下经过酶催化反应逐步降解为 CO_2、H_2O，或经过一系列的生物化学合成代谢转化为构成微生物细胞物质的中间产物。植物绝缘油的生物化学代谢过程分为以下四个过程：

（1）甘油三酯的水解；

（2）脂肪酸的 β-氧化分解。

脂肪酸先经过活化变成脂肪酰 CoA，然后再通过“β-氧化”断裂为许多乙酰 CoA 分子，最后乙酰 CoA 进入三羧酸（TCA）循环。

1）脂肪酸在脂肪酰 CoA 合成酶的催化下活化变成脂肪酰 CoA，具体见式（4-5）和式（4-6）

$$RCOOH+ATP+CoA \longleftrightarrow RCO\text{-}SCoA+AMP \qquad (4\text{-}5)$$

$$H_4P_2O_7+H_2O \longrightarrow 2H_3PO_4 \qquad (4\text{-}6)$$

2）脂肪酸的 β-氧化分解。脂肪酰 CoA 在脱氢酶的作用下首先脱去 α、β 位氢生成烯酰辅酶 A，接着在水合酶作用下水合生成 β-羟基脂酰辅酶 A，再在 β-羟基脂酰辅酶 A 脱氢酶作用下脱氢形成 β-羰基脂酰辅酶 A；该中间物经 β-酮硫解酶作用，α-β 键断裂生成乙酰 CoA 和少 2 个 C 的新脂肪酰辅酶 A，并继续进行上述各步反应，直至全部变为乙酰 CoA。但对于奇数 C 原子的脂肪酸来说，最后会产生一分子丙酰 CoA，经转化为琥珀酰 CoA；

对于含双键的脂肪酸，当氧化断裂到原有双键时，还需要有差向异构酶。产生的乙酰 CoA 和琥珀酰 CoA 一起进入三羧酸（TCA）循环。脂肪酸的β-氧化分解过程见图 4-4。

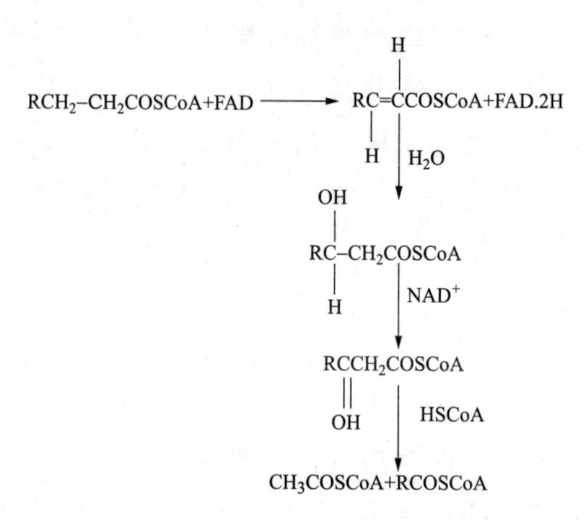

图 4-4　脂肪酸的β-氧化分解过程

3）甘油的代谢（见图 4-5）。

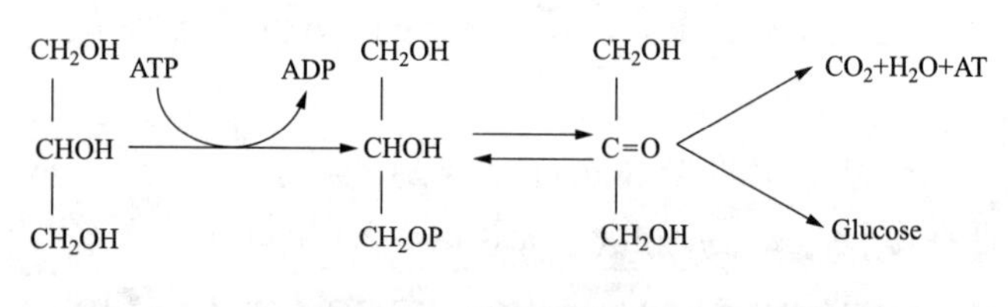

图 4-5　甘油代谢过程

4）三羧酸（TCA）循环。上述脂肪酸的β-氧化所产生的乙酰 CoA 经过 TCA 循环被氧化分解为 CO_2、H_2O，并释放能量。TCA 循环过程见图 4-6。

植物绝缘油的生物降解率能够达到 97%以上，远远高于合成酯、传统矿物绝缘油及硅油，即使发生泄漏也能够快速而彻底的降解，对周边环境造成的损害很小或几乎没有，充分发挥其环保特色。不同绝缘油生物降解率见图 4-7。

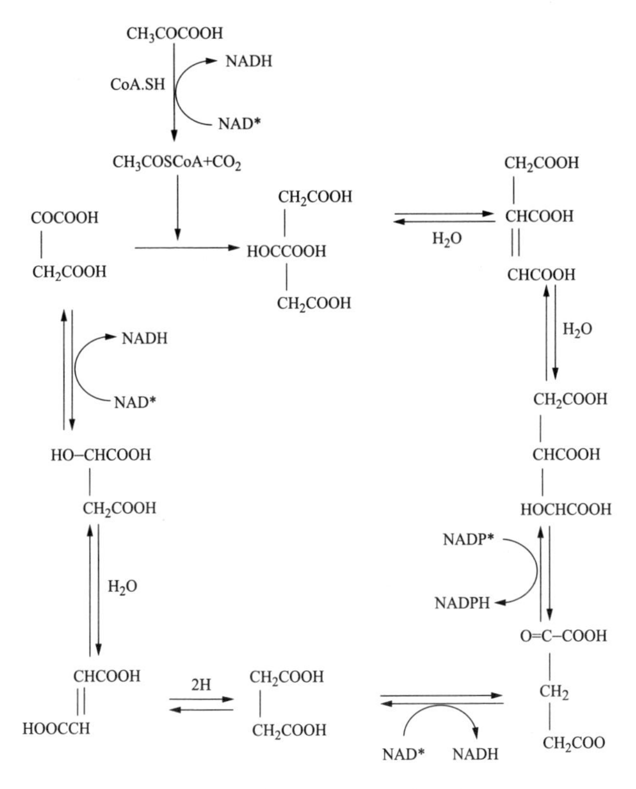

图 4-6　三羧酸（TCA）循环过程

目前，可以采用 GB/T 21856、GB/T 21802、GB/T 21801 或 US EPA OPPTS 835.311 等方法对植物绝缘油的生物降解性进行测试与评价。

三、多氯联苯（PCB）

多氯联苯（PCB）是指在联苯分子中两个或两个以上的氢原子被氯原子取代后得到的一些同分异构物和同系物混合而成的绝缘液体。

PCB 由于其电气性能良好、燃点高，过去曾被一些国家作为绝缘介质使用，在我国曾有少量电容器使用过。但是发现聚氯联苯在安全使用方面具有环保问题后，世界各国开始禁止使用和销售。此外它是一种有毒化合物，会对肝脏、神经和内分泌系统等造成损伤，也是致癌物质，因而被严格控制。

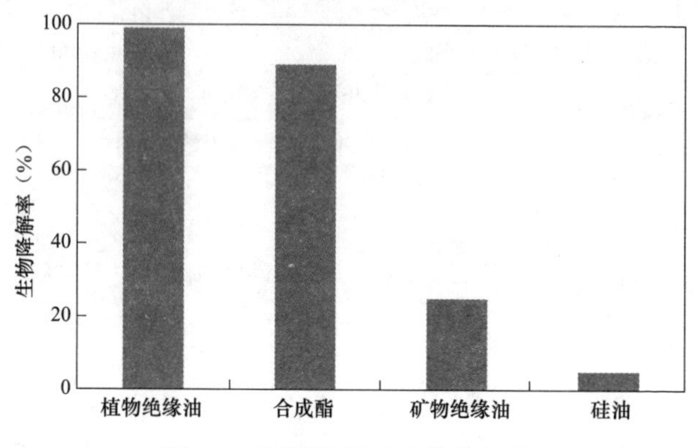

图 4-7　不同绝缘油生物降解率

未使用过的植物绝缘油应不含任何 PCB，若是出现 PCB 或相关化合物则只可能是交叉污染引起的，其浓度检测可以按照 SH/T 0803 的方法进行。

四、毒性

毒性又称生物有害性，一般是指外源化学物质与生命机体接触或进入生物活体体内后，能引起直接或间接损害作用的相对能力，或简称为损伤生物体的能力。植物绝缘油的毒性测试可以采用修改后的埃姆斯试验法或其他国际公认的试验方法，例如 OECD 201-203、EPA 600/4.82.068。

未使用的植物绝缘油应无毒，不同绝缘油毒性测试结果见表 4-6 所示。

表 4-6　　不同绝缘油毒性测试结果

序号	类别	标准	矿物绝缘油	天然酯绝缘油
1	土壤生态毒性	OECD 207	有毒	无毒
2	急性水生毒性	OECD 203	有毒	无毒
3	急性口服毒性	OECD 420	有毒	无毒

第五章

植物绝缘油微水特性

作为电力系统的主要设备，液浸式电力变压器的安全运行对整个电网的可靠性至关重要，变压器油纸绝缘体系中微水含量及分布状况是评估变压器绝缘状态的重要依据。长期以来，变压器设备由于绝缘材料受潮而严重降低了油纸绝缘的电气强度，加速了油纸绝缘老化，缩短了绝缘寿命，被喻为除温度外油纸绝缘的“头号敌人”。

变压器运行时，其油纸绝缘介质在老化过程伴随着水分的产生，随着老化程度的加深，水分会逐渐集聚。由于水是强极性液体，易于向高场强区聚集，因此在电力变压器最危险的高场强区反而聚集了大量的水分，但其介电常数比绝缘纸和绝缘油高得多，所以当变压器负荷发生突变时，就极易形成极性通道，导致变压器故障发生率大大增加。另外，固体绝缘含水量增加会增加损耗和漏电流，进而使得变压器发热，运行温度升高，加速绝缘材料的老化，降低变压器的使用寿命。可见，绝缘油中含水量的控制对保证电气设备安全、经济、稳定运行具有十分重要的意义。自 1960 年开始，矿物绝缘油的微水特性已有广泛的研究，包括微水稳态分布曲线、微水扩散模型及微水吸附、释放和分布规律等。

尽管水分对矿物绝缘油中的击穿特性和老化特性的研究比较充分，但是植物绝缘油与矿物绝缘油的分子结构、亲水性等方面存在着较大的差异，其中水分的存在状态及数量有着明显的不同。可见研究植物绝缘油微水特性对电力变压器绝缘状态的评估具有重要意义，可以有效保证植物绝缘油电力变压器的安全可靠运行。

第一节 植物绝缘油饱和含水量

水分是影响绝缘油老化速度和绝缘性能的一项重要指标，对水分进行严格的监督是保证变压器安全运行必不可少的一个试验项目。通常情况下，电压等级越高的电气设备要求绝缘油中的含水量越低。此外，水分还能促进有机酸对铜、铁等金属的腐蚀作用，其产物会使绝缘油劣化，导致介质损耗因数增大，增加绝缘油的吸湿性，对绝缘油的氧化起一定的催化作用。

植物绝缘油在运输、储存等过程中，由于保管不善，会受到空气中潮气的侵入，水分含量增大。在变压器安装过程中绝缘油干燥处理不彻底或者运输过程中变压器密封存在缺陷也会导致潮气侵入，导致植物绝缘油含水量增加。此外，植物绝缘油在使用过程中，由于运行条件的影响，绝缘油逐渐氧化，氧化的同时也伴随着水分的产生，即所谓的氧化析水现象。植物绝缘油在光老化、热老化及运行老化过程中均伴随着氧化析水现象。一般情况下，植物绝缘油中水分含量的变化与其化学成分、温度、暴露于空气中的时间及绝缘油的老化程度有关。

一、化学组分

不同的绝缘油具有不同的化学组分。植物绝缘油的主要成分为甘油三酯。甘油三酯具双亲型结构，即同时存在长链亲油性的羟基（只含 C、H 原子的长链）和亲水性的羧基或部分亲水性的酰基，而矿物绝缘油的分子中不含有亲水性集团，因此植物绝缘油的吸湿能力强于矿物绝缘油。

二、温度

植物绝缘油中的含水量与温度的关系非常明显，即温度升高，绝缘油中含水量增大；温度降低时，溶于油中的水分因为过饱和而析出。

三、在空气中的暴露时间

绝缘油在空气中的暴露时间越长，空气中的相对湿度越大，则绝缘油中吸收的水分就越多。植物绝缘油饱和含水量高，且吸湿能力强，相较矿物绝缘油而言，更容易吸收空气中的水分。故测定含水量时，必须密封取样，密封测定，其目的就是要避免试样与空气接触，以测定出试样的真实含水量。

四、绝缘油精制程度

植物绝缘油对水的溶解能力与其精制程度有关。如果精制比较粗糙、不完全，精制工艺过于简单及绝缘油净化不彻底等，使得油中含有未除净的亲水性杂质，进而增加绝缘油的吸湿性，使油中的含水量增加。

五、绝缘油的老化程度

植物绝缘油中存在油酸、亚油酸和亚麻酸等不饱和脂肪酸基团，运行过程中在热和氧气等因素的激发下发生自动氧化的游离基链式反应，先产生过氧化物，然后进一步转化成醛、酮、酸、酚、酐及酯等产物，进而导致植物绝缘油酸值与含水量增大，此外，在一定的条件下，生成的酸可能会与醛、酮等物质发生缩合、聚合反应生成低聚物、树脂类物质或分子量更大的黏稠状物质。这些物质在一定程度上能够提高植物绝缘油的吸湿性。

通常情况下，矿物绝缘油中的水分主要以溶解水、分散水和游离水三种形态存在，而植物绝缘油中的水分存在形态除了以上三种外，还有以氢键结合的水分，称为束缚水。其中绝缘油中的游离水和分散水较易除去，而溶解水和以氢键结合的束缚水比较难处理，在一定的条件下可以通过高真空雾化脱水的方法除去。

绝缘油中水分的溶解度与温度密切相关。水在绝缘油中溶解度随温度的升高而有规律地增加。IEEE Std C57.147：2018《变压器用天然酯液体验收和维护导则》（*IEEE Guide for Acceptance and Maintenance of Natural Ester Fluids in Transformers*）附录B中给出了植物绝缘油饱和含水量的计算公式，具体见式（5-1）

$$\lg y=-A/K+B \tag{5-1}$$

式中 A——给定的液体常数（与绝缘液体供应商联系）；

B——给定的液体常数（与绝缘液体供应商联系）；

K——热力学温度，K=273.1+℃；

y——饱和含水量，mg/kg。

植物绝缘油饱和含水量计算值见表5-1。

表5-1　　植物绝缘油饱和含水量计算值

温度（℃）	典型矿物绝缘油（mg/kg）	天然酯绝缘油（3组数据平均值）（mg/kg）
0	22	658
10	36	814
20	55	994
30	83	1198
40	121	1427
50	173	1681
60	242	1962
70	332	2269
80	447	2604
90	593	2965
100	773	3354

在相同的温度下，植物绝缘油饱和含水量远远大于矿物绝缘油，20℃时矿物绝缘油的饱和含水量为55mg/kg，而植物绝缘油饱和含水量则达到了967mg/kg，主要原因是植物绝缘油与矿物绝缘油分子结构的不同。

植物绝缘油的主要成分是甘油三酯，甘油三酯分子由甘油基团和脂肪酸基团（RCOO—）构成，不仅含有碳、氢 2 种原子，还含有丰富的氧原子。烃类和酯类在分子构成和结构特征上既有相似性，又有差异性。相似性表现在：都是长碳链、大分子结构，主要构成元素为碳原子和氢原子。差异性表现在：酯的每个脂肪酸基团含有两个氧原子，组成甘油三酸酯的各个脂肪酸基团未必相同，酯的分子结构一般不对称，因此具有一定极性，而饱和烃类不含氧原子，分子结构是对称的，没有极性。由于分子结构不同，植物绝缘油分子甘油三酸酯中含有羟基和羰基等亲水基团，而矿物绝缘油分子烃属于憎水基团。

植物绝缘油饱和含水量大的另一个原因是氢键的作用。氢键为电负性较大的原子（F、Cl、O、S、N）中成键的氢原子与邻近的电负性较大、带孤对电子的原子（F、Cl、O、S、N）之间产生的一种强的非键作用，大小介于成键作用与非键作用之间。可见，氢键的本质是：强极性键上的氢核与电负性很大的、含孤电子对的原子之间的静电引力。

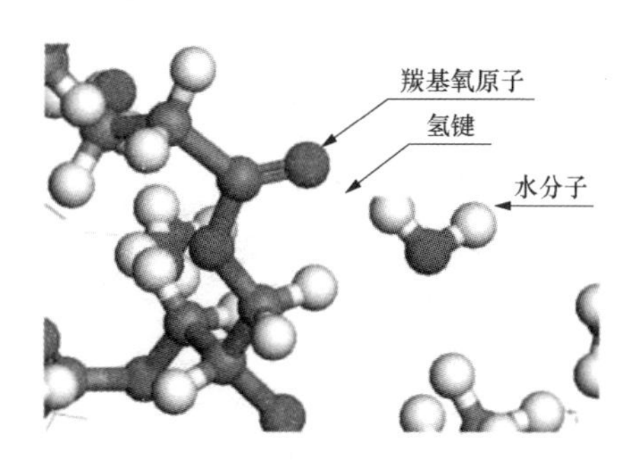

图 5-1　羰基与水分子间氢键示意图

植物绝缘油与水分子间的氢键结合的示意图见图 5-1，可以看出由于酯中羰基基团含有电负性较大且带孤对电子的氧原子，同时水分子可以为生成氢键提供氢原子，所以酯中羰基氧原子通过与水分子中氢原子的氢键交互作用，使水分与植物绝缘油键和，而矿物绝缘油与水分子很难形成氢键，对水分子的束缚作用较小。

第二节 水分对植物绝缘油击穿电压的影响

绝缘油击穿电压是评定其适应电场电压强度而不会导致变压器设备损坏的重要绝缘性能参数。水分溶解于绝缘油中，对其击穿电压的影响极大，但是水分存在的形态同样会影响绝缘油的绝缘性能。水分在绝缘油中呈悬浮的分散水，较溶解水更能降低绝缘油的击穿电压。因为溶解水在绝缘油中呈高度均匀分散状态，溶解水在电场力的作用下不易形成导电小桥，而悬浮的分散水以小水珠的形态存在于绝缘油中，在电场力下很易拉长，并形成导电小桥，使绝缘强度剧降。

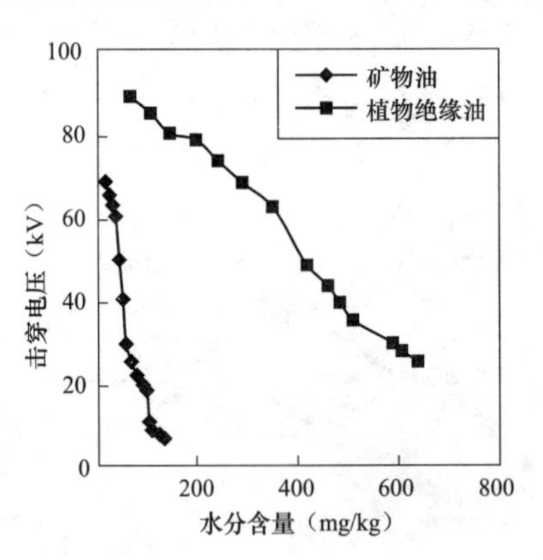

图 5-2 室温下含水量对不同绝缘油击穿电压的影响

从图 5-2 可以看出，矿物绝缘油含水量小于 35mg/kg 时，水在矿物绝缘油中以溶解水的形式存在，在油中呈高度均匀分散状态，在电场力的作用下不易形成导电小桥，击穿电压变化比较小，都在 60kV 以上；但是随着含水量的进一步增大，矿物绝缘油击穿电压缓慢下降；当含水量大于矿物绝缘油的饱和含水量，溶解水析出，在油中呈悬浮的分散水，在电场力的作用下极易拉长，形成导电小桥，击穿电压急剧下降，使得绝缘强度减弱。

从分子角度看，矿物绝缘油主要成分是环烷烃、烷烃、芳香烃等，属于憎水集团；而植物绝缘油的主要成分是甘油三酸酯，甘油三酸酯中含有羟基和羰基等亲水集团。室温下植物绝缘油发生性能突变的含水量远远大于矿物绝缘油，室温下含水量达到100mg/kg时，水分仍然以溶解水的形式存在，不易形成导电小桥，击穿电压变化不大，均在80kV以上；含水量超过500mg/kg后，植物绝缘油中水分才会达到相对饱和，溶解水从油中析出转变成分散水，导致击穿强度降低。

第三节　水分对植物绝缘油介电特性的影响

植物绝缘油主要成分是甘油三酯，在酸性、碱性甚至中性条件下均可能发生水解反应，在酸性或中性条件下的水解反应为可逆反应，逆向反应为酯化反应。由于植物绝缘油含水量很低，水解反应产生的脂肪酸和醇等物质均匀分布在绝缘油中，故发生酯化反应的概率很低，主要以水解反应为主。植物绝缘油水解反应及其酸性生成物改变了植物绝缘油的化学成分，势必会对其介电性能产生影响。

不同含水量下植物绝缘油相对介电常数随频率变化情况如图5-3所示。可以看出在10^{-2}～10^{6}Hz的频率区间内，植物绝缘油相对介电常数随频率的升高呈下降趋势。在频率为10^{-2}～10Hz之间，植物绝缘油相对介电常数随频率的增大急剧下降，在频率为10～10^{6}Hz之间，下降趋势比较平缓。水分含量的变化并没有影响相对介电常数随频率的变化趋势。整个频率区间内，植物绝缘油相对介电常数随着含水量的增加而升高。

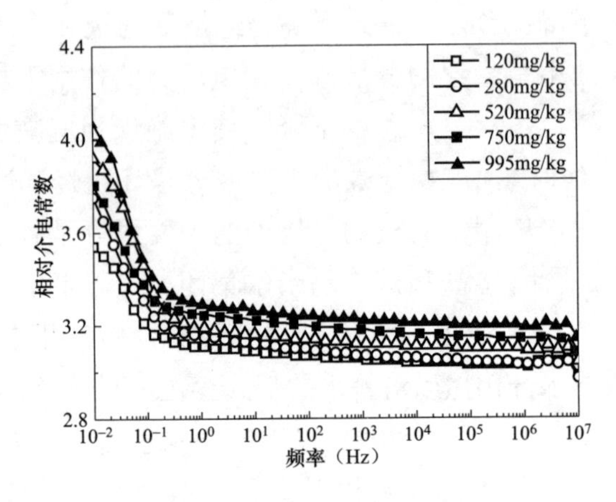

图 5-3　不同含水量下植物绝缘油相对介电常数随频率变化情况

植物绝缘油是脂肪酸甘油三酯的混合物，分子结构中存在C═O 极性双键，且甘油三酯分子中的 3 个羧基基团不一定相同，其空间结构亦未必对称，属于偶极性电介质。因此植物绝缘油在电场作用下除发生电子位移极化以外，还发生偶极式转向极化。理论分析可知，甘油三酯水解反应会逐渐生成分子链相对较低的高级脂肪酸，低频时电场变化周期比弛豫时间要长得多，这时低分子链的脂肪酸完全来得及发生转向极化，因此水解程度越大，产生的高级脂肪酸越多，相对介电常数也越大。当频率逐渐升高时，电场变化周期逐渐变短，转向极化逐渐跟不上电场的变化，相对介电常数随之减小。

不同含水量下植物绝缘油介质损耗因数随频率变化情况如图 5-4 所示。在 10^{-2}～10Hz 的频率区间内，植物绝缘油介质损耗因数随着频率的升高呈现先上升后减小的趋势，在 5×10^{-2}Hz 处出现局部最大值；在 10～5×10^{6}Hz 的频率区间内，下降趋势比较平缓；当频率大于 5×10^{6}Hz 时，介质损耗因数突然增大。植物绝缘油水分含量的变化并没有影响介质损耗常数随频率的变化趋势。在整个频率测试范围内，植物绝缘油介质损耗因数随着水分含量的增加呈上升趋势。

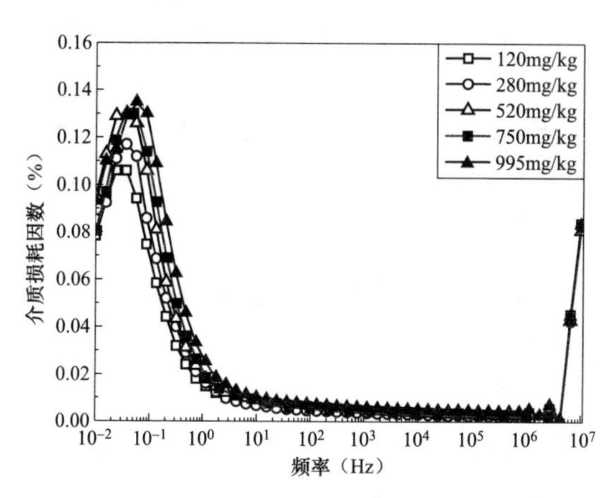

图 5-4　不同含水量下植物绝缘油介质损耗因数随频率变化情况

植物绝缘油属于偶极性电介质，介质损耗是由电导和极化共同作用的结果，一般情况下

$$\tan\delta = \tan\delta_{\mathrm{P}} + \tan\delta_{\mathrm{G}} = \frac{\varepsilon_{\mathrm{s}} - \varepsilon_{\infty}}{\varepsilon_{\infty}\omega\tau} + \frac{\gamma}{\omega\varepsilon_0\varepsilon_{\infty}} \propto \frac{1}{\omega} \tag{5-2}$$

式中　$\tan\delta_{\mathrm{P}}$——极化所引起的损角正切值；

$\tan\delta_{\mathrm{G}}$——电导引起的损角正切值；

ε_{s}——静态介电常数；

ε_{∞}——无限大频率的介电常数；

ε_0——真空介电常数；

γ——交流下等值有效电导率，S/m；

ω——角频率，rad/s；

τ——极化驰豫时间，s。

由式（5-2）可以看出，两种损耗与频率成反比，且随着频率的增加而减小，当 ω 趋于无穷大时，介质损耗趋于 0，与图 5-4 中植物绝缘油的介质损耗因数变化趋势符合。

第四节　植物绝缘油吸湿特性

液浸绝缘结构被广泛应用于变压器、充油电缆、电容器等电力设备中，其绝缘是以绝缘材料浸渍在绝缘油中构成的。由于绝缘油的浸渍和填充消除了绝缘层中的气隙，从而提高了绝缘的电气强度，使得绝缘具有长期可靠性，因此液浸绝缘被认为是性能最为稳定的结构。

油纸绝缘介质老化过程中伴随着水分的产生，随着老化程度的加深，水分逐渐聚集。对于实际的变压器，投运时绝缘纸中的水分体积分数通常小于 0.5%，而当其服役至寿命终点时，水分体积分数会增至 8%。对于较厚的绝缘纸，产生的水分不易扩散至绝缘纸表面，水分反过来作用于绝缘纸，引起分子量的进一步分解，导致绝缘纸降解速率提高，聚合度快速下降，加速绝缘纸老化。

若油纸含水量过高，绝缘纸板机械强度及电气性能下降，从而缩短油纸绝缘寿命；导致局部放电起始电压降低，使得油纸界面上油流带电增加，造成绝缘破坏。此外，绝缘纸板水分含量高还会增加损耗和漏电流，从而使变压器发热，运行温度升高，加速绝缘材料的老化，进而降低变压器的使用寿命。

尽管水分对矿物绝缘油的老化特性和击穿特性研究的比较充分，但是植物绝缘油的分子构成远比矿物绝缘油复杂。由表 5-1 可以看出，常温下植物绝缘油饱和含水量远高于矿物绝缘油，从理论上可以分析得出：在相同的条件下，植物绝缘油吸收绝缘材料中水分的能力强于矿物绝缘油，可以更好地降低绝缘材料中的水分，有利于延长绝缘材料的使用寿命。

分别将干燥处理与不干燥处理的绝缘纸板浸入矿物绝缘油与植物绝缘油中一段时间后，按照 DL 449—1991《油浸纤维质绝缘材料含水量测定法（萃职法）》采用萃取法测试绝缘纸板的含水量，对应的测试结果见表 5-2。

表 5-2　　不同绝缘油浸泡后的绝缘纸板含水量

类型	序号	样　　品	含水量（%）
干燥	1	空白纸板	1.65
	2	植物绝缘油浸泡	0.21
	3	矿物绝缘油浸泡	1.31
不干燥	1	空白纸板	12.56
	2	植物绝缘油浸泡	2.59
	3	矿物绝缘油浸泡	9.54

可以看出，经过一段时间浸泡后，不做干燥处理的绝缘纸板浸泡在植物绝缘油中后含水量从 12.56%降至 2.59%，浸泡在矿物绝缘油中后从 12.56%降至 9.54%；干燥处理的绝缘纸板浸泡在植物绝缘油中后含水量从 1.65%降至 0.21%，浸泡在矿物绝缘油后含水量从 1.65%降至 1.31%，都有了一定程度的下降，植物绝缘油浸泡过的绝缘纸板含水量远远低于矿物绝缘油，这说明植物绝缘油相较矿物绝缘油可以更多地吸收绝缘纸板中的水分，能够在一定程度上有效保持绝缘纸板的干燥。

可见，当变压器采用植物绝缘油作为液体绝缘介质时，植物绝缘油能够有效地吸收绝缘纸板中的水分，可以减缓变压器绝缘材料的老化，从而起到延长绝缘材料使用寿命的作用，而且在一定程度上含水量的增加对植物绝缘油的绝缘性能几乎没有影响，有利于延长变压器的使用寿命。

第五节　植物绝缘油微水扩散特性

绝缘受潮是威胁电力变压器安全稳定运行的重要隐患。运行中的变压器某些部位或零部件若密封不严，雨水就会通过这些渗漏点进入变压器内部导致绝缘受潮，严重时会导致变压器发生故障。这些故障往往发生在变压器套管、储油柜、气体继电器等处。渗入变压器的水分在绝缘油中的扩散速度会严重影响变压器的正常运行，如扩散较慢便会造成变压器局部水分过大，产生局部放电，严重时可导致绝缘击穿；若是进入绕组内部，则会造成匝间短路故障。

一、水分在植物绝缘油中的扩散特性

为验证水分在植物绝缘油中的扩散情况，将 250mL 植物绝缘油和矿物绝缘油分别装入油杯中，封口并放入 70℃恒温水浴中。然后用注射器分别向两种绝缘油油杯底部及侧面注入 25mL 高纯水，静置并按规定时间在油杯正中间位置取样进行含水量测试，结果如图 5-5 所示。

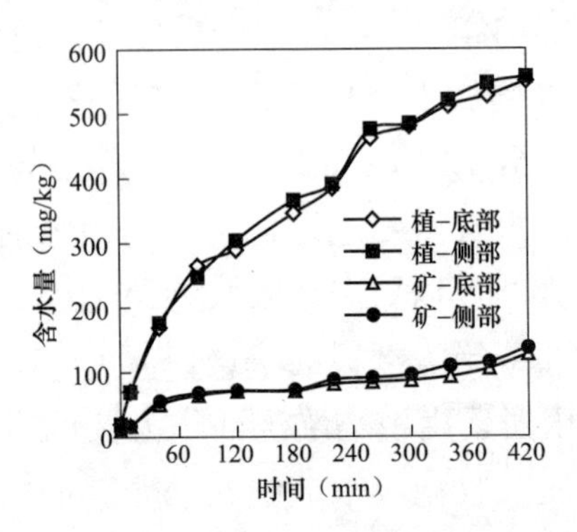

图 5-5　不同绝缘油注入水后水分扩散情况

不管是将高纯水从底部注入还是侧面注入，水分在植物绝缘油中的扩散速度远远大于矿物绝缘油。120min 后植物绝缘油含水量达到 300mg/kg 左右，矿物绝缘油只有 70mg/kg。可见植物绝缘油可以有效改善变压器因泄露造成绝缘受潮的问题，水分的快速扩散可以有效改善局部水分过大的现象，且 70℃时植物绝缘油的饱和含水量达到 2263mg/kg，再加上变压器运行时油流、温度变化等可以进一步加快水分的扩散，可以有效防止局部放电的发生，保障变压器的正常运行。

二、水分在植物绝缘油纸组合中的扩散特性

在变压器油纸绝缘组合中，水分在纸和绝缘油之间不是平均分配的。由于绝缘纸对水比绝缘油对水具有更大的亲和力，所以在平衡条件下绝缘纸中的含水量远远大于绝缘油中含水量。在变压器运行过程中，变压器的温度随着负荷和环境温度的变化而变化，导致水分在绝缘油和绝缘纸之间不断扩散迁移。随着温度的升高，绝缘纸中的水分将扩散、迁移到绝缘油中；而随着温度的降低，绝缘油中的水分会扩散、迁移到绝缘纸中。

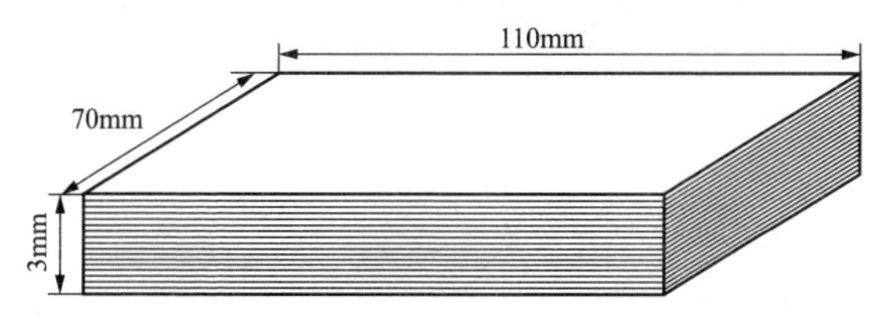

图 5-6　油纸绝缘水分扩散模型

油纸绝缘水分扩散试验采用多层绝缘纸样品，典型模型如图 5-6 所示。将样品侧面和底面涂上硅胶以防止水分从侧面和底面渗透，确保水分仅从样品的正面向底面扩散。多层绝缘纸样品置于 50Pa 真空干燥箱中，在 90℃下干燥 48h 以确保干燥样品的初始水分浓度降到足够低，然后按照绝缘油与绝缘纸质量比为 15:1 的比例添加已脱气、脱水的新绝缘油，并在 40℃下真空浸渍 24h。

浸渍完成后，样品分组并分别置于 30、45、60、75℃和 90℃的恒温恒湿箱中。最后，定期取出样品测量不同厚度处绝缘纸中的水分含量（库仑滴定法）。为减少测量误差，每次测量 3 个样品并取平均值作为样品在该厚度的水分浓度值。不同温度下扩散 5 天时，油纸绝缘水分浓度分布的测量结果见图 5-7。

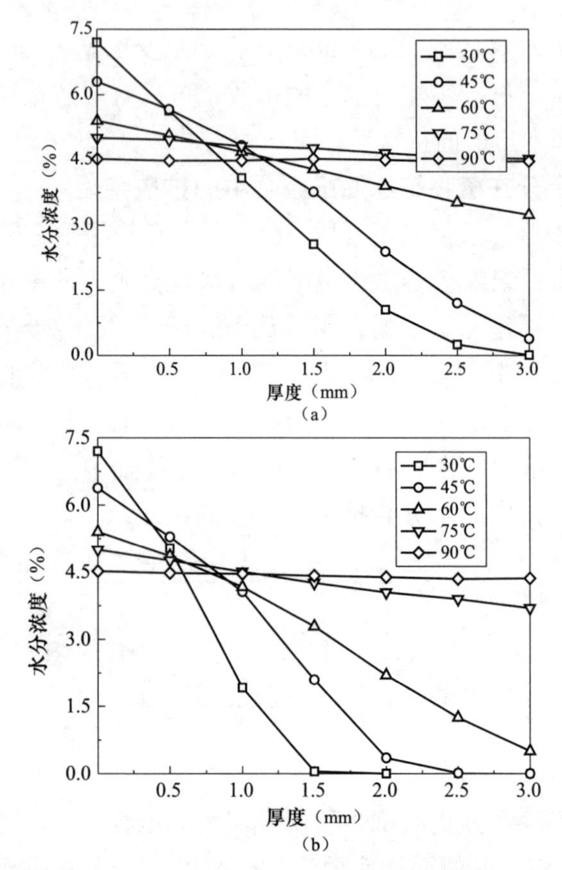

图 5-7　不同绝缘油浸纸中水分浓度随厚度的变化曲线

（a）植物绝缘油浸纸；（b）矿物绝缘油浸纸

由于绝缘纸的侧面积远小于表面积，水分扩散主要在表面进行，因此可忽略侧面渗透的水分，将油纸绝缘中的水分扩散过程简化为一维模型研究，并利用费克第二定律对扩散过程中沿绝缘纸厚度的水分浓度分布规律进行求解。费克第二扩散的一维模型表达式为

$$\frac{\partial C}{\partial T}=\frac{\partial}{\partial x}\left(D\frac{\partial C}{\partial x}\right) \tag{5-3}$$

式中　C——绝缘纸的水分浓度，%；

T——时间，s；

x——绝缘纸厚度，m；

D——纸绝缘中水分扩散系数，m^2/s，表达式。

$$D=-\frac{1}{2t}\cdot\frac{\mathrm{d}x}{\mathrm{d}C}\bigg|C_x\int_{C_0}^{C_x}x\mathrm{d}C \tag{5-4}$$

式中 C_x——油浸绝缘纸在 x 厚度的水分浓度，%；

C_0——油浸绝缘纸初始水分浓度，%。

基于图 5-7 中测得的数据，根据求解后的式（5-4）可以得到植物油纸绝缘和矿物油纸绝缘的扩散系数的参数值，具体见表 5-3。

表 5-3 不同绝缘油纸组合微水扩散系数相关参数

绝缘组合	参　数		
	D_0（m^2/s）	k	E_a
植物油纸绝缘	7.34×10^{-14}	0.497	6940
矿物油纸绝缘	1.84×10^{-13}	0.447	6563

假定绝缘纸表层的初始水分浓度是 3.5%，厚度是 3mm，扩散温度是 70℃。根据表 5-3 中的扩散系数和费克第二扩散定律的一维模型，可以得到植物油纸绝缘和矿物油纸绝缘样品在不同时间的水分分布情况，如图 5-8 所示（实线表示植物油纸组合，虚线表示矿物油纸组合）。

植物油纸组合中每条曲线的间隔是 2 天，时间是 2～16 天，矿物油纸组合水分扩散曲线的间隔是 1 天，时间是 1～8 天。水分在矿物油纸组合中扩散 8 天时基本接近于平衡，而植物油纸组合则需要 16 天才能达到平衡。

假定绝缘纸表层的初始水分浓度为 3.5%，厚度为 3mm，扩散时间为 5 天，可以得到植物油纸和矿物油纸绝缘样品在不同扩散温度时的水分分布情况，如图 5-9 所示。

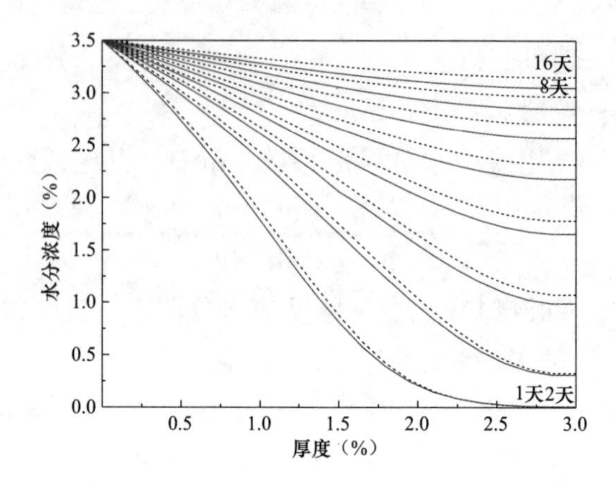

图 5-8　不同绝缘油纸组合中水分浓度随厚度的变化曲线

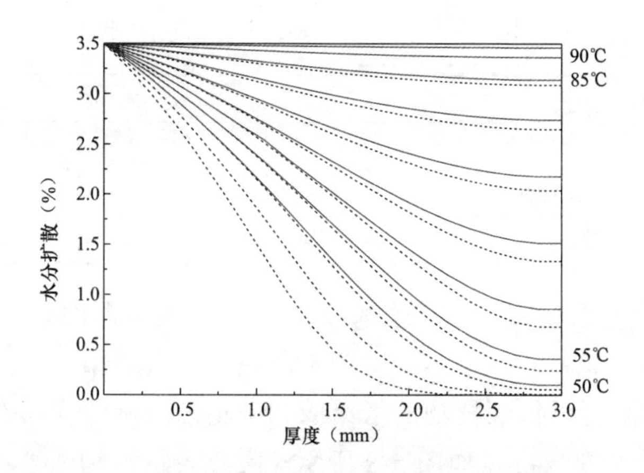

图 5-9　绝缘纸水分浓度随厚度的变化曲线

温度范围从 50～90℃，每条曲线的温度间隔是 5℃，实线表示的是植物油纸绝缘，虚线表示的是矿物油纸绝缘。在矿物油纸绝缘组合中，当温度为 80℃时，水分扩散 5 天后就基本达到平衡；而植物油纸绝缘中，当温度是 90℃时，扩散 5 天后才基本达到平衡。

浸渍之前的纤维素绝缘纸内部含有很多孔隙和毛细管，当与水接触时，水分会迅速进入毛细管中形成毛细水，并沿着绝缘纸中的毛细管快速地流动。绝缘纸浸油后，其中的孔隙与毛细管被绝缘油填充。当水分在油浸绝缘纸内部扩散时，由于水的相对运动，油-水界面处会产生黏滞阻力。这种阻力的本质是界面间的相互摩擦，在一定程度上阻碍了水在油浸绝缘纸中的扩散速度，并且黏滞力的大小与绝缘油的运动黏度成正比。相同温度下植物绝缘油的运动黏度远高于矿物绝缘油，例如，40℃时植物绝缘油的运动黏度约为 35.6mm^2/s，而矿物绝缘油的运动黏度仅为 8mm^2/s。由此可见，相比矿物绝缘油，高黏度植物绝缘油与水分的黏滞作用力更大，导致水分在植物油浸纸中的扩散速度更小。

此外，植物绝缘油的亲水性作用和酯中羰基氧原子与水分之间的氢键作用都可以有效抑制水分从绝缘油向绝缘纸中的扩散。

第六章

植物绝缘油抗氧化特性

绝缘油的抗氧化性能是其最重要的化学性能之一。绝缘油在使用和储存过程中，不可避免地会与空气中的氧接触，并在一定的条件下发生化学反应而产生一些新的氧化产物，这些氧化产物在绝缘油中会促使油质发生劣化。通常称绝缘油与氧的化学反应为氧化（或老化、劣化）。一定条件下绝缘油抵抗氧化作用的能力称为绝缘油氧化安定性或抗氧化安定性。

液浸式变压器在运行中发生故障除自身绝缘问题外，与绝缘油本身的抗氧化性变差有着直接关系。绝缘油注入变压器后，在运行过程中因受溶解在油中的氧气、温度、电场、电弧、水分、杂质和金属催化剂等作用而发生氧化、裂解等化学反应，进而生成大量过氧化物及醇、醛、酮、酸等氧化产物，这些氧化产物将降低绝缘油的绝缘性能，对变压器的绝缘结构和散热性能造成影响，甚至可能造成重大的设备和人身事故。因此，绝缘油的氧化安定性是评价绝缘油寿命的一种重要手段。

第一节　氧 化 机 理

植物绝缘油和矿物绝缘油在组成与分子结构上存在很大的差异。植物绝缘油中存在油酸、亚油酸、亚麻酸等不饱和脂肪酸基团，抗氧化性较差，且在储存和使用过程中极易受光、热、水分、空气和金属等影响而发生氧化变质。植物绝缘油氧化主要包括自动氧化、光氧化和酶促氧化三种类型，其中以自动氧化为主。

一、空气氧—三线态氧（$^3O_2$）和单线态氧（$^1O_2$）

氧分子含有两个氧原子，有 12 个价电子，分别填充在 10 个分子轨道（即 5 个成键轨道和 5 个反键轨道）中，其中有两个未成对的电子，分别填充在 JI_2*py 和 JI_2*pz 的分子轨道中，组成了两个自旋平行且不成对的单电子轨道，所以氧分子具有顺磁性。

根据光谱线命名规定：没有未成对电子的分子称为单线态（singlet，S）；有一个未成对电子的分子称为双线态（doublet，D）；有两个未成对电子的分子称为三线态（triplet，T）。所以，基态的空气氧分子为三线态（T）、激发态氧分子为单线态（S）及自由基氧为双线态（D）。

将自旋守恒定律应用于植物绝缘油氧化反应，其反应过程如下：

单线态+单线态→单线态（S）

[生成低能量的基态产物，反应容易进行]

单线态+三线态→三线态（T）

[生成高能量的激发态产物，反应无法直接进行]

单线态+双线态→双线态（D）

[生成低能量产物，反应容易进行]

三线态+双线态→双线态（D）

[生成低能量产物，反应容易进行]

依据上述规则，三线态的基态氧分子与单线态的基态有机物分子反应产生一个三线态产物，由于三线态的生成物一般是含能量高的激发态而使反应无法直接进行，只有通过自由基的产生来克服能量障碍才能使基态氧与有机分子顺利的发生反应（T+D→D），这与植物绝缘油自动氧化与酶促氧化机理相符合。单线态的氧分子与单线态的基态有机分子直接反应生成单线态产物，此过程很容易进行，这与光氧化机理相符。

二、光氧化

光氧化（单线态氧氧化，photooxidation）为植物绝缘油氧化作用的组成部分，是在光敏剂和三线态氧存在的条件下发生的，缺少光敏剂时，光氧化则不能进行。光敏剂能够吸收可见光和近紫外光后活化成单线态（^{1}Sen*），可以是染料、色素（叶绿素和核黄素等）或稠环芳香化合物。单线态光敏剂寿命较短，它通过释放荧光快速转化为基态，或者通过内部重排转化为激发态的三线态光敏剂（^{3}Sen*）。^{3}Sen*比 ^{1}Sen*的寿命长，其通过释放磷光慢慢转化为基态（Sen），因此产生单线态氧的有效光敏剂是量子产率高、生命周期长的激发态三线态光敏剂（^{3}Sen*）。

受紫外光或植物绝缘油中光敏剂（叶绿素、脱镁叶绿素）的影响，基态氧分子（三线态氧分子）被激发为单线态激发态氧分子，单线态激发态氧分子可将酯类化合物氧化为氢过氧化物，这就是植物绝缘油光氧化的根源。三线态氧分子转变为单线态激发态氧分子的过程如下

$$\text{光敏剂}+\text{光照}\rightarrow {}^1\text{光敏剂}^*\rightarrow {}^3\text{光敏剂}^* \quad (6\text{-}1)$$

$$ {}^3\text{光敏剂}^*+{}^3O_2\rightarrow {}^1\text{光敏剂}+{}^1O_2^* \quad (6\text{-}2)$$

式中　光敏剂——单线态光敏剂分子（植物绝缘油中存在的叶绿素和脱镁叶绿素等色素）；

^{1}光敏剂*——激发单线态光敏剂分子；

^{3}光敏剂*——激发三线态光敏剂分子；

$^3O_2$——三线态氧分子；

$^1O_2^*$——激发单线态氧分子。

植物绝缘油中油酸、亚油酸及亚麻酸经光氧化生成的产物及含量见表 6-1。

表 6-1 油酸、亚油酸及亚麻酸经光氧化生成单氢过氧化物的异构体与含量

油酸	亚油酸	亚麻酸
9–OOHΔ^{10}（48%～51%）	9–OOHΔ^{10,12}（32%）	9–OOHΔ^{10,12,15}（20%～23%）
10–OOHΔ^{8}（49%～52%）	13–OOHΔ^{9,11}（34%～35%）	12–OOHΔ^{9,13,15}（12%～14%）
	10–OOHΔ^{8,12}（16%～17%）	13–OOHΔ^{9,11,15}（14%～15%）
	12–OOHΔ^{9,13}（17%）	16–OOHΔ^{9,12,14}（25%～26%）
		10–OOHΔ^{8,12,15}（13%）
		15–OOHΔ^{9,12,16}（12%～13%）

植物绝缘油光氧化速率比自动氧化快约 1500 倍，且其产生的氢过氧化物（ROOH）在过渡金属离子存在下分解出的自由基 R·和 ROO·是引发自动氧化的关键。对于双键数目不同的底物，光氧化速率区别不大。

植物绝缘油炼制过程中，大部分的光敏色素等物质已经被去除，且精炼与储存均在避光条件下进行，所以植物绝缘油一般不容易发生光氧化。

三、酶促氧化

有酶参与的氧化反应称为酶促氧化。氧化植物绝缘油的酶有两种：一种是脂肪氧化酶（简称脂氧酶）；另一种是加速分解已氧化成氢过氧化物的脂肪氢过氧化酶。脂氧酶主要存在于植物中，有无色酶、黄色酶和紫色酶三种类型，且均含有一个铁原子。

在非自由基机理下，脂氧酶催化脂质化合物氧化。脂氧酶（LOX）属于氧化还原酶，其活性中心普遍认为与铁离子有关，对一烯酸（如油酸）和共轭酸不起氧化作用，可氧化含有顺五碳双烯结构的多不饱和脂肪酸（如亚油酸、亚麻酸和花生四烯酸），导致植物绝缘油氧化。如含有三价铁离子的活性态 LOX 与含有 1，4-戊二烯结构的不饱和脂肪酸反应，使脂肪酸失去亚甲基上的氢原子，同时其铁离子被还原，结合自由基重组为共轭二烯结构（见图 6-1）。接下来脂肪酸共轭二烯结构与氧分子反应，生产脂肪过氧化自由基（ROO •）；最后 ROO • 被 LOX 的铁还原，生成氢过氧化物，而 LOX 的铁则转变为 Fe^{3+}，重新转化为活性态。

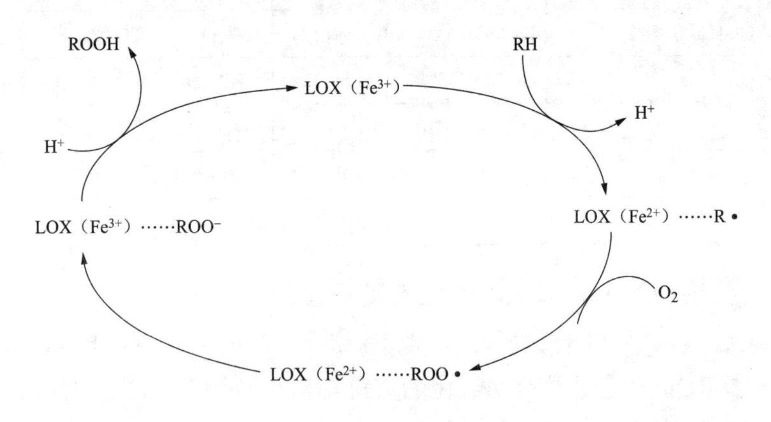

图 6-1　脂氧酶催化亚油酸氧化过程

脂氧酶的氧化能力很强，无论是有氧还是缺氧情况下均有氧化反应。在有氧存在的情况下，其氧化历程为自由基型的氧化，与自动氧化的反应机制相似；在缺氧条件下的酶促氧化反应则十分复杂。

四、自动氧化

自动氧化是指植物绝缘油中不饱和脂肪酸与氧之间发生的典型的自由基连锁反应。植物绝缘油在光、热等因素的激发下，脂肪酸基团双键上的碳失去氢原子而形成脂肪酸自由基（R •），该自由基极不稳定，很容易与氧发生反应生成过氧自由基（ROO •）。过氧自由基具有链的传播作用，它从其他双键上夺取一个氢离子，生成氢过氧化物（ROOH），由于过氧化物的不稳定性，其会分解生成二次氧化产物如水、醇、醛、有机酸、聚合物及沉淀等一系列产物。植物绝缘油的自动氧化是按照链式自由基机理进行的具有自动催化特征的氧化反应，它由链的引发（诱导）、链的增长、链的终止三个阶段组成，这一点与矿物绝缘油相似，其基本模型如下：

（1）链的引发（诱导）。链引发阶段，在热、光和金属等条件刺激下，靠近双键的—CH_2—基中的氢被分离出来形成自由基R·；当氢过氧化物ROOH存在时，ROOH中的氢也被分离出来，形成自由基ROO·。

$$RH+X\cdot \longrightarrow R\cdot +XH(R_i) \tag{6-3}$$

$$2ROOH \longrightarrow RO\cdot + ROO\cdot +H_2O \tag{6-4}$$

式中　RH——植物绝缘油分子；

R·——植物绝缘油分子的自由基；

ROO·——植物绝缘油分子的过氧自由基；

ROOH——植物绝缘油分子的氢过氧化物；

H——双键旁亚甲基上最活泼的氢原子。

（2）链的增长。链增长阶段，自由基R·与空气中的氧结合形成过氧化自由基ROO·，再与其他脂肪酸中分离出来的氢结合，形成氢过氧化物。另外，分离出氢的脂肪酸分子形成新的自由基，反复进行同一反应，形成氢过氧化物。链式反应反复进行，使不饱和脂肪酸不断变成氧化物，即

$$R\cdot +O_2 \longrightarrow ROO\cdot \tag{6-5}$$

$$ROO\cdot + \longrightarrow RHROOH+R\cdot \tag{6-6}$$

（3）链的终止。链终止阶段，氢过氧化物不断蓄积，原始的不饱和脂肪酸逐步减少，原子团之间相结合，生成稳定的非自由基化合物，链式反应停止。

$$ROO\cdot +ROO\cdot \longrightarrow ROOR+O_2 \tag{6-7}$$

$$R\cdot +ROO\cdot \longrightarrow ROOR \tag{6-8}$$

$$RO\cdot +RO\cdot \longrightarrow ROOR \tag{6-9}$$

$$R\cdot +RO\cdot \longrightarrow ROR \tag{6-10}$$

$$R\cdot + R\cdot \longrightarrow R\text{-}R \tag{6-11}$$

上述过程是公认的植物绝缘油自动氧化反应机制，反应中产生的各种自由基及其他产物均已被现代仪器手段所证实，但是自动氧化的引发原因仍然不很清楚。通过试验研究以及机理分析认为植物绝缘油自动氧化的引发机理主要有以下三个

$$RH + M^{3+} \longrightarrow R\cdot + H^{+} + M^{2+} \tag{6-12}$$

$$ROOH + M^{2+} \longrightarrow RO\cdot + OH^{-} + M^{3+} \tag{6-13}$$

$$ROOH + M^{3+} \longrightarrow ROO\cdot + H^{+} + M^{2+} \tag{6-14}$$

上述引发过程均有过渡金属 M 参与。当 ROOH 不存在时主要以式（6-12）进行，而 ROOH 存在时式（6-13）反应最快，式（6-14）次之。对于植物绝缘油的氧化过程，式（6-13）和式（6-14）起主要作用。反应中 ROOH 来源于光氧化产物，这一点在加工储运过程中是无法避免的，植物绝缘油中均会含有微量的叶绿素，且光氧化速率很快，ROOH 很容易产生。由此看来，式（6-3）中的 X 可能是过渡金属离子，也可能是 ROOH 分解产生的各种自由基。

含有不饱和双键的植物绝缘油在室温条件下即可发生自动氧化反应，饱和酸或酯在室温下则不易发生氧化反应。在植物绝缘油中，构成甘油三酯的主要不饱和脂肪酸有油酸、亚油酸和亚麻酸等，由于其双键数不同，所以具有不同的氧化过程。

（1）油酸的氧化过程。油酸在过渡金属离子的作用下，双键两边 C_8、C_{11} 位上的—CH_2—被活化脱去一个 H 质子，进而产生不对称电子。不对称电子与双键的 π 键杂化，形成不定域的共平面丙烯基，不定域的共平面丙烯基 1，3-双键电子迁移，产生共振体的丙烯基，共振体与共平面的丙烯基被基态氧氧化，生成过氧化自由基 ROO·，ROO·与另一油酸分子反应，则生成各种位置不同的氢过氧化物和自由基。

（2）亚油酸的氧化过程。亚油酸的自动氧化速率比油酸快10～40倍，在0℃或者更低的温度下亚油酸就可能被氧化。这是因为亚油酸双键中间C_{11}位上含有一个非常活泼的—CH_2—，—CH_2—很容易与过渡金属离子作用脱氢生成C_{11}位上的自由基，该自由基经1，3-双键电子迁移产生两个不定域的1，4-戊二烯自由基，1，4-戊二烯自由基则被基态氧分子氧化，生成两个过氧化自由基，过氧化自由基再与另一分子亚油酸反应，生成两个含量相当的氢过氧化亚油酸和亚油酸自由基。

低温时亚油酸氧化，顺反异构均有存在。但是在较高温度下氧化以反式异构体为主，这是由于温度高时13-OOH$\Delta^{9,11}$与9-OOH$\Delta^{10,12}$可以相互转化，在互变的同时发生构型转变。同时由于反构型比较稳定，与O_2接触所受空间障碍的阻力小，因此在一般情况下，亚油酸的氧化产物以反异构体占多数。

（3）亚麻酸的氧化过程。亚麻酸比亚油酸的自动氧化速率快2～4倍。亚麻酸在C_{11}、C_{14}位上有两个活泼的亚甲基，其氧化后生成四种氢过氧化物。

亚麻酸的氧化与亚油酸类似，首先与过渡金属离子作用，在C_{11}、C_{14}位上的亚甲基脱氢生成C_{11}、C_{14}位上的自由基，C_{11}、C_{14}位上的自由基经1，3-迁移，形成四个不定域的1，4-戊二烯自由基，四个不定域的1，4-戊二烯自由基与氧分子作用生成四种过氧化自由基，再与另一亚麻酸分子反应，生成四种位置不同的氢过氧化物异构体。

亚麻酸的氧化产物中各有三个双键，未共轭的一个双键为顺式，而共轭的两个双键均为顺反结构。生成的这种具有共轭双键的三烯结构的氢过氧化物极不稳定，很容易继续氧化生成二级氧化产物或氧化聚合及干燥成膜。

在一般温度下，油酸、亚油酸和亚麻酸的自动氧化速率之比为1:12:25。

第二节　氧化的主要影响因素

植物绝缘油的氧化是一个复杂的化学反应，影响因素很多，主要与植物绝缘油的脂肪酸构成、氧气、温度、光、射线、水分及金属离子等有关。

一、脂肪酸构成

植物绝缘油中的主要脂肪酸类型有饱和脂肪酸、单不饱和脂肪酸和多不饱和脂肪酸，其中饱和脂肪酸是最稳定的，多不饱和脂肪酸的不稳定性大于单不饱和脂肪酸。通常条件下植物绝缘油的氧化首先发生在不饱和脂肪酸的双键上，而且油分子的不饱和程度越高，氧化作用越明显。

脂肪酸的种类及含量都会对植物绝缘油的氧化速率产生影响，亚麻酸、亚油酸及油酸的相对氧化速率大约为 25:12:1，且顺式双键比反式双键容易氧化，共轭双键比非共轭双键容易氧化。饱和脂肪酸在正常情况下几乎不发生任何氧化反应，但在高温条件下也会发生明显的氧化。

二、与空气的接触

空气含量及绝缘油与空气接触面积的大小均对植物绝缘油的氧化有着重要的影响。植物绝缘油与空气的接触面积越大，氧化速度越快。因此从提高植物绝缘油抗氧化能力的角度出发，应该尽量减少植物绝缘油和空气的接触，可以通过提高容器的密封性、填充惰性气体及在植物绝缘油表面覆盖一层隔离物等方法来延缓绝缘油的氧化过程。

三、温度

温度与植物绝缘油的氧化有着密切的关系，且氧化速率随着温度的升高而加快。温度高于 60℃，植物绝缘油的氧化速率显著增加。一般情况下，温度每升高 10℃，植物绝缘油氧化速率大约提高一倍。因此，低温储存会有效延缓植物绝缘油的氧化过程。

四、光和射线

可见光、不可见光及 γ 射线等能够有效加速植物绝缘油的氧化。研究发现，光的波长和强度不同，对植物绝缘油的氧化过程也会造成不同的影响。光的波长越短，植物绝缘油吸收光的程度越强，其氧化速率也加快。因此避光保存在一定程度上会延缓植物绝缘油的氧化过程。

五、过渡态金属离子

过渡态金属离子的存在，特别是那些具有两个或多个核外电子且具有一定氧化还原活性（钴、铜、铁、镁等）的金属离子，它们具有合适的氧化还原电位，可缩短自由基链反应引发期的时间，加快植物绝缘油氧化。即使浓度低于 0.1mg/kg，也能够缩短植物绝缘油自动氧化的诱导期，促进其氧化。

六、水分

经研究发现，植物绝缘油氧化速率在很大程度上取决于水活度，水分一方面可以钝化金属离子的催化活性，猝灭自由基而阻止氧气对植物绝缘油的氧化，一方面水分过高会导致植物绝缘油水解，其水解方程如图 6-2 所示。

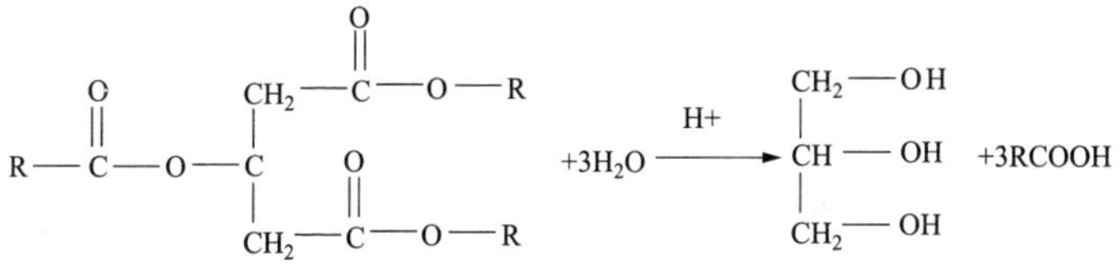

$$\begin{array}{l} R-\overset{O}{\overset{\|}{C}}-O-\overset{\overset{CH_2-\overset{O}{\overset{\|}{C}}-O-R}{|}}{\underset{\underset{CH_2-\underset{}{\overset{O}{\overset{\|}{C}}}-O-R}{|}}{C}} \end{array} +3H_2O \xrightarrow{H+} \begin{array}{l} CH_2-OH \\ | \\ CH-OH \\ | \\ CH_2-OH \end{array} +3RCOOH$$

图 6-2　植物绝缘油水解方程

第三节　抗氧化剂及作用机理

绝缘油抗氧化性能的好坏直接影响着电力设备的稳定运行与使用寿命。植物绝缘油与矿物绝缘油的化学结构与组成成分不同，其分子结构特点决定了自动氧化过程是无法通过外界条件的改变来避免的，但是可以通过外部条件的控制来延缓这一过程。植物绝缘油的氧化作用因自由基的生成而加快，如果在其中加入某种能提供氢原子的物质，向自由基提供一个氢原子，使自由基还原成分子，中断自由基连锁反应，则可以防止或延缓其自动氧化的历程，具有这种功能的物质成为抗氧化剂。添加抗氧化剂是提高植物绝缘油抗氧化能力的一个简洁、经济且有效的方法。

一、抗氧化作用机理

抗氧化剂可以有效地延缓植物绝缘油的氧化，在少量存在的情况下就可以使植物绝缘油经自动氧化产生的自由基还原成分子，从而延缓自动氧化过程，其抗氧化过程如下

$$ROO\cdot + RH \longrightarrow R\cdot + ROOH \tag{6-15}$$

$$R\cdot + AH \longrightarrow A\cdot + RH \tag{6-16}$$

$$ROO\cdot + AH \longrightarrow A\cdot + ROOH \tag{6-17}$$

式中　RH ——脂肪酸酯；

ROO· ——过氧化自由基；

R·——脂肪自由基；

AH ——抗氧化剂；

A· ——抗氧化自由基。

阻断植物绝缘油氧化的有效手段是清除自由基。当一种物质能够提供氢原子或正电子与自由基反应，使得自由基转变为非活性的或较稳定的化合物，从而中断自由基的氧化反应历程，进而达到消除氧化反应的目的。

通常情况下，大多数的抗氧化剂都是有效的自由基吸收剂，能够迅速将氢原子提供给自由基，其作用机理表现为两种形式：一种是抗氧化剂向已被氧化脱氢的脂肪自由基 R·提供氢使其还原到原来的状态 RH，如式（6-16）所示；另一种是抗氧化剂向过氧化自由基 ROO·提供氢而使 ROO·成为氢过氧化物 ROOH，

即用式（6-17）取代了式（6-15）的进行，从而阻止自动氧化过程。

研究表明，式（6-16）的反应速率常数［1.0×10^6L/（mol·s）］可达式（6-15）的反应速率常数［1.0×10^2～2.0×10^2L/（mol·s）］的 10^4 倍以上，因此抗氧化剂可以有效地抑制植物绝缘油的自动氧化。

当抗氧化剂向 R·或 ROO·提供氢原子后，本身成为自由基 A·，它们可以相互结合或与 ROO·结合形成稳定地二聚体，过程如下

$$A\cdot + A\cdot \longrightarrow A_2 \tag{6-18}$$

$$A\cdot + ROO\cdot \longrightarrow ROOA \tag{6-19}$$

通常植物绝缘油用抗氧化剂多为酚类化合物，主要是由于酚类自由基可形成稳定的共振体，如图 6-3 所示。

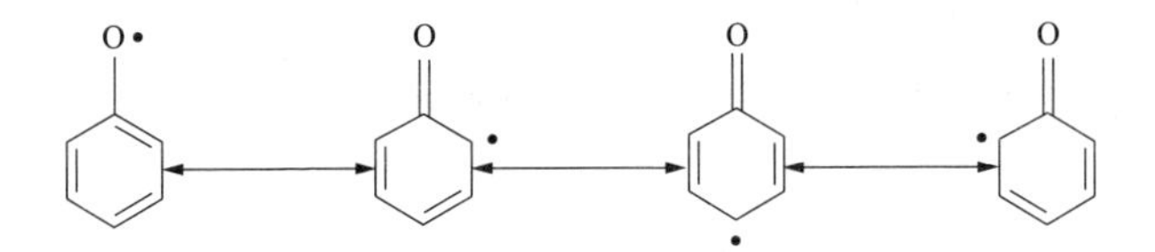

图 6-3　酚类自由基的共振体

二、抗氧化剂的分类

目前，植物绝缘油用抗氧化剂的分类没有统一的标准，由于分类的依据不同，可以有不同的分类方法。

抗氧化剂按其本身的特性及抗氧化机理可以分为抑制自动氧化链式反应的自由基抑制剂、抑制促氧化剂活性的金属离子（Cu、Fe 等）螯合剂、本身不具有抗氧化作用但能够增加自由基抑制作用的抗氧化增效剂等。

（一）自由基抑制剂

这类抗氧化剂与脂质化合物的自由基反应可生成稳定的产物。脂质化合物的氧化反应是自由基的反应，故消除或抑制自由基即可阻断氧化反应。脂质化合物在氧的作用下首先产生的是

ROO·。ROO·是一个氧化剂，很容易被还原成相应的负离子，负离子能与一个电子给予体反应生成氢过氧化物。ROO·自由基也可以与一个氢给予体AH反应直接转变成氢过氧化物，即

$$ROO\cdot + AH \longrightarrow ROOH + A\cdot \tag{6-20}$$

在脂质化合物的自由基反应中，另一个自由基是R·。R·是还原剂，可以由电子接收体消除，即

$$R\cdot \longrightarrow R^{+} \longrightarrow \text{烯烃} + H \tag{6-21}$$

大多数抗氧化剂可以迅速给脂质化合物自由基提供一个氢原子，从而抑制化合物的自动氧化，即

$$RO\cdot + AH \longrightarrow ROH + A\cdot \tag{6-22}$$

由此可见，阻断脂质化合物氧化的有效方法是消除ROO·自由基。而消除ROO·的有效方法是有一种提供氢原子的物质AH向ROO·自由基提供氢原子，使其转变为氢过氧化物ROOH，提供氢原子的物质就是自由基抑制剂。一些酚类的抗氧化剂正是这种作用原理。

（二）金属离子螯合剂

在植物绝缘油中，会含有微量的铁、铜等金属离子，这些金属离子一部分来自含金属酶或其分解产物，另一部分则来自植物绝缘油精炼、储存等环节中与金属设备及容器的直接接触。这些金属离子价态较高，并没有合适的氧化还原电位，可缩短链式反应的时间，加快植物绝缘油的氧化速度。

金属离子螯合剂往往是一些含氧配位原子的络合剂，它们可与金属离子反应生成螯合物，降低氧化还原电势，稳定金属离子的氧化态，有效抑制金属离子的促氧化作用。

（三）抗氧化增效剂

增效剂是指自身没有抗氧化作用或抗氧化作用很弱，但是和抗氧化剂一起使用时，可以使抗氧化剂效能增强的物质。增效剂的作用机理目前仍然不完全肯定，但是它能够钝化金属离子。增

效剂和金属离子会发生络合反应形成螯合物使其失去活性或活性降低。另外，增效剂与抗氧化剂自由基反应可使抗氧化剂自由基还原为分子，生成活性很低的增效剂自由基（I·）

$$A\cdot + HI \longrightarrow AH + I\cdot \tag{6-23}$$

式中　HI——增效剂；

I·——增效剂自由基；

A·——抗氧化自由基。

因此，根据作用机理可以看出，增效剂可以使得抗氧化剂的使用寿命延长，减慢抗氧化剂的损耗。

两种或两种以上的抗氧化剂，特别是弱抗氧化剂，混合使用可以相互增效。其主要原因是：抗氧化剂在起抗氧化作用时产生的自由基间相互作用，生成新的酚类物质具有一定的抗氧化效能，例如 2-BHA 与 BHT、2-BHA 与 PG 等可以相互作用而增效，如图 6-4 和图 6-5 所示。

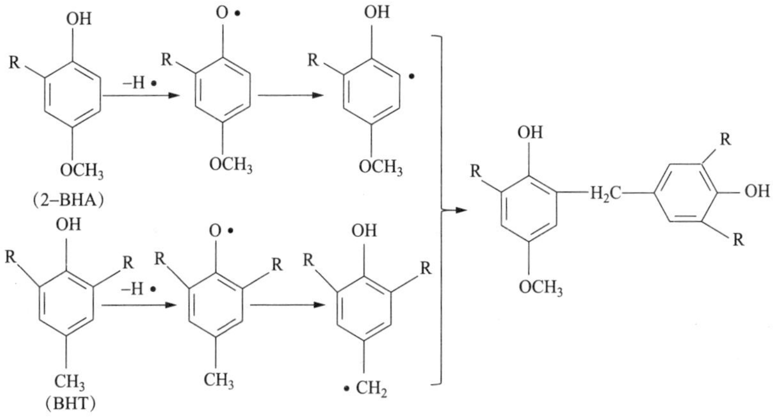

图 6-4　2-BHA 与 BHT 的自由基反应生成新的酚类物质

需要注意的是，当抗氧化剂混合使用不当时，有可能会导致其混合后的抗氧化效果劣于单一组分，特别是其中一种会明显抑制另一种的抗氧化效果，这种现象称为消效作用。

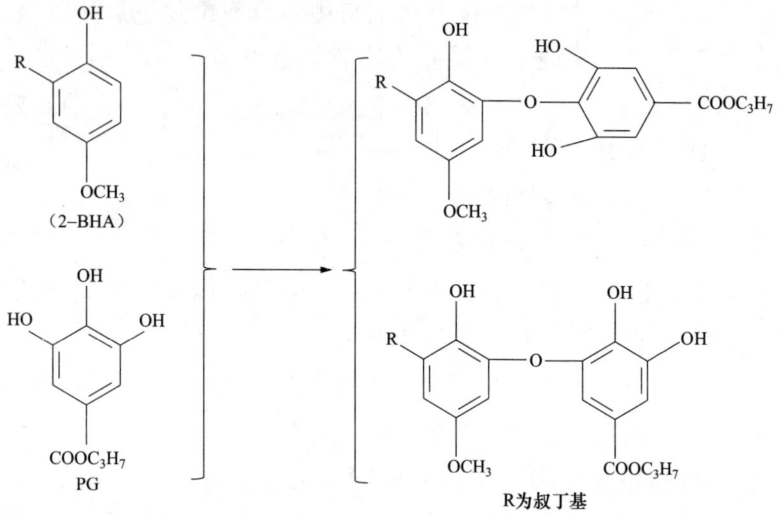

R为叔丁基

图 6-5　2-BHA 与 PG 的自由基反应生成新的酚类物质

此外，按照其来源，抗氧化剂一般分为天然和人工合成两大类。天然抗氧化剂是指生物体内合成的具有抗氧化作用或诱导抗氧化剂产生的一类物质，具有安全性高、抗氧化能力强、无副作用等特点，如多酚类物质、黄酮类物质等。常见的人工合成抗氧化剂有 BHA（丁基羟基茴香醚）、BHT（二丁基羟基甲苯）、PG（没食子酸丙酯）和 TBHQ（叔丁基对苯二酚）等，具有良好的抗氧化性能，应用范围广，但其安全性受到质疑。此外，为了符合环保的要求，合成抗氧化剂在被最终采用前需要经过严格的筛选并检测可能产生的副效应。

三、抗氧化剂的使用要求和条件

选择植物绝缘油用抗氧化剂时，需要满足以下要求：

（1）抗氧化剂所生成的抗氧化剂自由基必须是稳定的，且不会有氧化或促氧化的能力；

（2）较易溶于植物绝缘油，难溶于水；

（3）无环境污染，在水、酸、碱及高温条件下不会分解；

（4）挥发性低，高温条件下损耗小；

（5）低浓度使用时其抗氧化效率高；

（6）价格便宜，来源广泛。

四、常见的抗氧化剂

（一）BHT

BHT，又称 2，6-二叔丁基对甲酚，为无色结晶或白色结晶粉末，不溶于水和甘油，易溶于乙醇、甲醇、丙酮、矿物绝缘油等，同样也易溶于植物绝缘油，遇热抗氧化效果也不受影响，其结构式如图 6-6 所示。

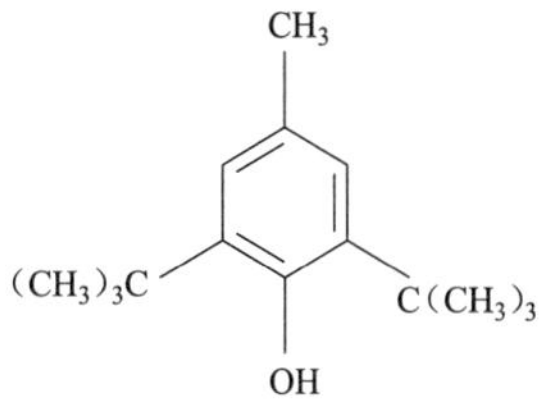

图 6-6　BHT 分子结构式

BHT 抗氧化剂之所以能延缓绝缘油的老化，主要是其能首先与油中在自动氧化过程中产生的活性自由基 R·和过氧化自由基 ROO·发生反应而形成稳定的化合物，从而消耗了油中生成的自由基而阻止了油分子自身的氧化过程。只有当绝缘油中的 BHT 消耗完了，绝缘油的氧化进程才会大大加快。BHT 与自由基 R·和过氧化自由基 ROO·的反应过程如图 6-7 所示。

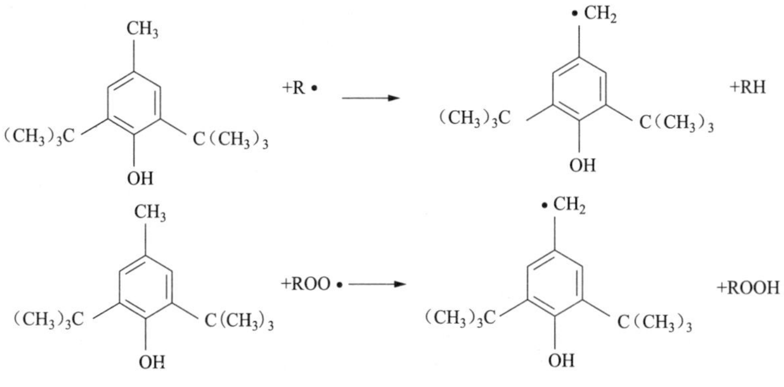

图 6-7　BHT 与 R·和 ROO·的反应式

抗氧化剂自身的过氧化物又可以进一步相互联合和再氧化，最终形成芪醌产物，形成过程如图 6-8 所示。

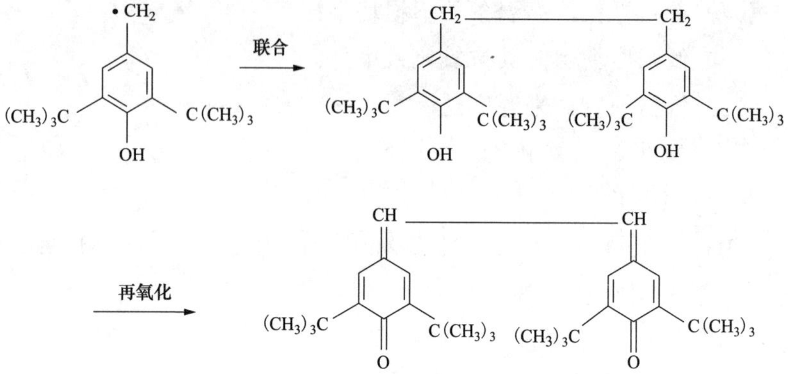

图 6-8 芪醌产物形成过程

BHT 广泛应用于润滑油类产品及动、植物油脂当中，也是目前应用最广泛的绝缘油抗氧化剂之一，应用于植物绝缘油中可以提高其抗氧化性能，延长其使用寿命，但是其所具有的抗氧化活性不是很高，它可与 BHA（2-叔丁基-4-甲氧基苯酚或 3-叔丁基-4-甲氧基苯酚）一同使用产生抗氧化增效作用。

（二）茶多酚

茶多酚（又名茶单宁、茶鞣质）为一类多酚化合物的总称，主要包括：儿茶素、黄酮、花青素、酚酸四类化合物，其中以儿茶素的数量最多，占茶多酚总量的 60%～80%。

茶多酚是一种天然的高效抗氧化剂，有较强的抗氧化活性，纯的茶多酚为白色无定形粉末，可溶于水和甲醇、乙醇、丙酮、乙酸乙酯等有机溶剂，微溶于油脂，不溶于氯仿、苯、石油醚。

茶多酚具有二苯并吡喃的苯基碳架，含有两个以上互为邻位的羟基多元酚，故有酚类化合物的通性，且分子中多个羟基的存在使其具有一定的亲水性。茶多酚分子中的吡喃环是结构中最薄弱的部位，在碱性条件下易发生降解反应生成苯酚酸等物质，其耐热性和耐酸性较好，在 pH 值为 2～7 范围内十分稳定，在碱性条件下容易氧化褐变。

茶多酚是一种含有多羟基的化合物，易氧化提供质子 H+，具有酚类抗氧化通性，反应过程如图 6-9 所示。

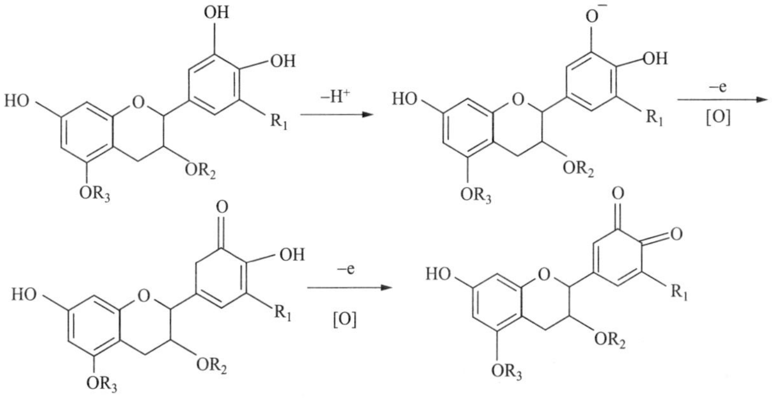

图 6-9　茶多酚反应式

由于茶多酚具有供氢能力，H^+与自由基结合使之还原为惰性化合物或较稳定的自由基，终止自由基的连锁反应，从而起到防止绝缘油自动氧化的目的。据研究，酯型没食子儿茶素具有较强的清除自由基的能力，没食子儿茶素没食子酸酯的清除自由基的能力最强，每分子酯型儿茶素可清除 6 分子的自由基。儿茶素还原自由基的示意图如图 6-10 所示。

茶多酚发挥抗氧化作用的活性位点是儿茶素 B 环和 C 环，上面的酚羟基能够提供给脂肪自由基氢原子，并能在氧化过程中与氧自由基反应生成邻醌类及联苯酚醌物质，使自由基转化为惰性化合物，从而终止自由基的连锁反应。茶多酚对超氧阴离子及过氧化氢自由基的消除率达 98%以上，具有很强的抗氧化能力和清除氧自由基的能力，抗氧化活性高于一般非酚类或单酚羟基类抗氧化剂，如 BHT、BHA 等，目前应用前景十分广泛。

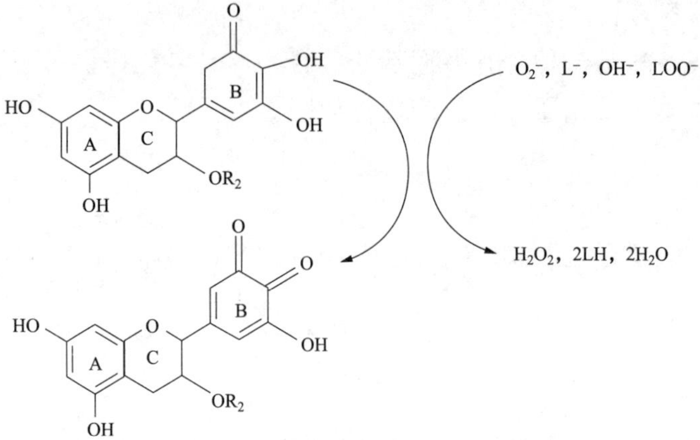

图 6-10　儿茶素还原自由基示意图

需要注意的是，茶多酚在使用过程中应控制其用量，并不是越多越好，这是因为其抗氧化成分本身被氧化后产生过氧化自由基副反应，产生的自由基同样可以诱发自由基的连锁反应。

（三）PG

PG 又称没食子酸丙酯，属于多酚类抗氧化剂，是一种白色至淡褐色结晶性粉末，或为乳白色针状结晶，易溶于乙醇、丙酮、乙醚，难溶于氯仿、脂肪、水，其结构如图 6-11 所示。

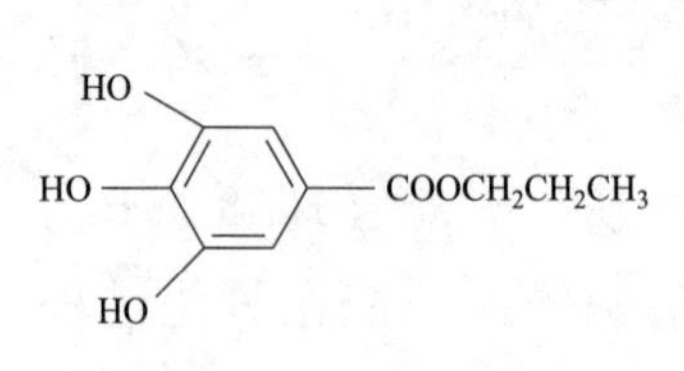

图 6-11　PG 结构图

PG 对热稳定，与有螯合作用的柠檬酸或酒石酸等并用，不仅有增效作用，还可以防止由金属离子引起的呈色作用。

（四）迷迭香

迷迭香经萃取精制而得，高效无毒，结构比较稳定，耐高温，富含多种抗氧化成分，抗氧化机制复杂，所以对多种复杂的类脂物的氧化有着广泛和很强的抗氧化效果，其主要结构如图 6-12 所示。

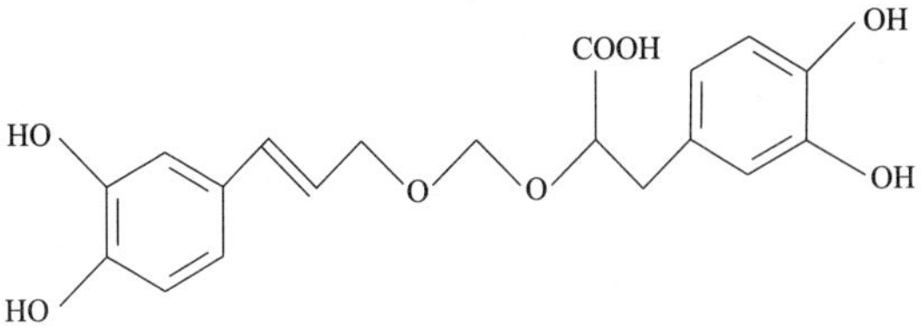

图 6-12　迷迭香结构图

迷迭香中能够起到抗氧化作用的有效成分主要为萜类、酚类和酸类物质，氧化作用机理主要是猝灭单重态氧，清除自由基，切断内酯物自动氧化的连锁反应，螯合金属离子和有机酸的协同增效等多种机制。因此，它对多种复杂的类脂物的氧化有着良好的抗氧化效果。

（五）TBHQ

特丁基对苯二酚，或称为叔丁基对苯二酚，俗称 TBHQ，能明显地延长油品的抗氧化能力，是国际上公认最好的植物油抗氧化剂之一，其结构式如图 6-13 所示。

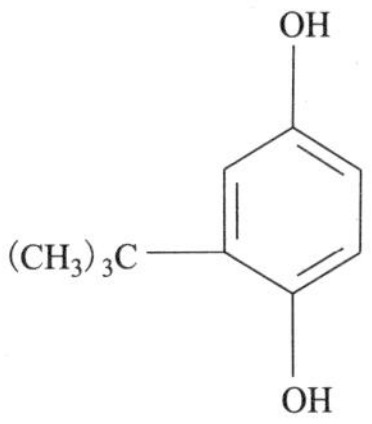

TBHQ 是一种白色晶体，溶于乙醇、乙酸乙酯、丙二醇、乙醚及植物油等，难溶于水，沸点为 300℃，熔点 126.5～128.5℃，对大多数油脂均有抗氧化作用，尤其适用于植物油，抗氧化性能优越，比 BHT、BHA、PG 具有更强的抗氧化能力，对植物绝缘油氧化过程中的链引发和终止阶段速率有十分显著的阻碍作用。

图 6-13　TBHQ 结构图

此外，TBHQ 还有明显的抑菌作用，可有效抑制枯草芽孢杆菌、金黄色葡萄球菌、大肠杆菌、产气短杆菌等细菌以及黑曲菌、杂色曲霉、黄曲霉等微生物生长，在一定程度上可以抑制植物绝缘油中微生物的滋长。

TBHQ 是一种二酚类抗氧化剂，在抗氧化过程中所起的作用机理如图 6-14 所示。

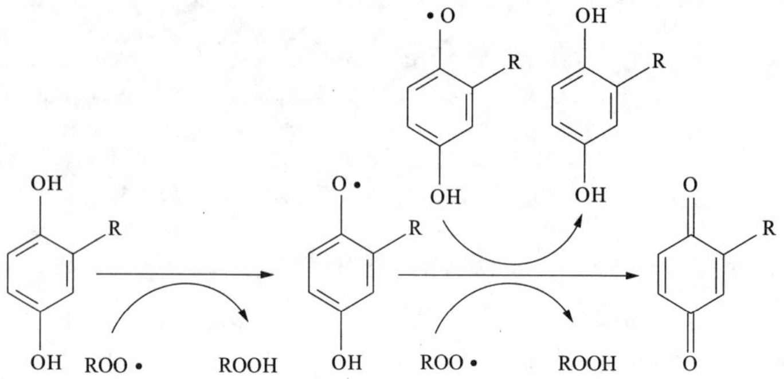

图 6-14　TBHQ 抗氧化作用机理

PG、TBHQ、BHT 及茶多酚都属于酚类抗氧化剂，其抗氧化效果的差异可用酚类抗氧化剂的作用机理，即自由基抑制剂的作用机理来说明。酚类抗氧化剂之所以能防止植物绝缘油的氧化酸败是由于此类抗氧化剂可以提供氢原子与过氧化自由基结合，使自由基转化为惰性化合物，从而中断氧化过程的连锁反应。而抗氧化剂本身产生的自由基 A· 越稳定，抗氧化效果越好。TBHQ 是一种二酚类抗氧化剂，与植物绝缘油过氧化自由基作用后能生成稳定的半醌式共振结构，因此具有较强的抗氧化能力。而 PG 与植物绝缘油过氧化自由基作用后，不能生成稳定的半醌式结构，同样 BHT 与其过氧化自由基作用后，也不能生成稳定的半醌式结构，而是产生具有中等程度的共轭离子自由基中间体，这可能是 BHT 和 PG 不如 TBHQ 抗氧化性强的主要原因。

第四节　其他改善抗氧化性能的措施

添加抗氧化剂是提高植物绝缘油抗氧化性能的一种直接、经济、有效的方法，在现有添加剂性能还不能完全满足需要的情况下还可以考虑其他辅助措施来提高植物绝缘油的抗氧化性能或防止植物绝缘油的劣化。

一、氢化

氢化就是在还原性镍等金属作催化剂的作用下与氢气发生加成反应，使甘油三酯的不饱和脂肪酸双键得以饱和的过程。植物绝缘油氢化的目的主要有两个：降低绝缘油的不饱和程度和提高其对氧和热的稳定性。植物绝缘油催化氢化过程机理如图 6-15 所示。

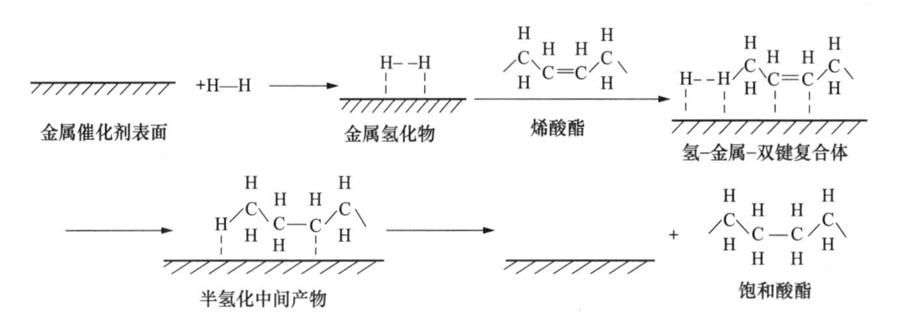

图 6-15　植物绝缘油催化氢化过程机理

植物绝缘油氢化过程是在气、液、固三相体系中完成的，从其机理可以看出，催化氢化过程的完成分为五个步骤：

（1）扩散。氢气加压溶解于植物绝缘油中，溶于油中的氢和绝缘油分子中的双键向催化剂表面扩散。

（2）吸附。催化剂的活性中心吸附溶解于绝缘油中的氢和油分子中的双键，分别形成金属-氢及金属-双键配合物。

（3）表面反应。两种配合物的反应活化能较低，互相反应生成半氢化的中间体，进而再与被配合的另一个氢反应，完成双键的加成反应。

（4）解吸或脱氢。吸附是一个可逆的动态平衡过程，有吸附必有解吸，无论是双键还是已完成氢化的饱和碳链，均能从催化剂表面解吸下来；若半氢化中间体不能与另一个氢反应，则已加成上去的氢或与原双键碳原子相邻的碳上的两个氢或双键碳原子上原有的那个氢都有可能脱氢。解吸或脱氢均会导致双键位移或反式化。

（5）扩散。氢化分子由催化剂表面解吸下来，向植物绝缘油主体（反应底物）扩散。

植物绝缘油氢化包括选择性氢化和非选择性氢化。选择性氢化是通过对氢化条件（包括氢化压力、氢化温度、搅拌速率、催化剂的种类及用量）的控制，使植物绝缘油中脂肪酸的成分、固体脂肪和反式酸的含量以及双键的位置和含量满足一定要求的氢化过程。

通过选择性氢化，可以在一定程度上降低植物绝缘油中亚油酸和亚麻酸的比例，提高植物绝缘油的稳定性，进而从化学结构上改善植物绝缘油的抗氧化性。

二、充氮储藏及真空储存

植物绝缘油储存时，排除氧气是防止植物绝缘油氧化的一个切实可行的方法，通用的方法是用氮气来代替氧气。氮气是一种稳定性气体，它不会与植物绝缘油发生化学反应，利用高纯氮气将植物绝缘油与空气分开，能够有效地避免植物绝缘油被氧化。充氮储存已成功应用于植物绝缘油精炼及储存工艺中，具有成本低、效果好、安全性高的特点。

此外，充氮保护也可以应用在开放式变压器中。将开放式变压器储油柜的油面上冲入高纯氮气（纯度为99.99%），使油面与大气隔绝，阻止空气中的氧气、其他有害气体及水分的侵入，进而减缓绝缘油与其他绝缘材料的老化，其所需的氮气可由钢瓶和胶袋供给。

真空储存也是一种安全、有效的方法。通过抽真空的形式，将植物绝缘油储存容器顶部的空气吸出，并保持一定的真空度，就可以使容器长时间保持无氧或是低氧状态，进而保证植物绝缘油的品质不因氧的存在而发生劣化。也可以在植物绝缘油储存容器油液表面覆盖一层含氧清除剂的密封物，以隔绝和消除氧气，并通过定期添加及更换的方法来延长植物绝缘油的使用寿命。

三、低温储存

低温储存是植物绝缘油储存的重要方法。将温度控制在 15℃以下进行低温储存能够有效并长期储存植物绝缘油。此外，可在植物绝缘油储存容器表面喷涂银白漆，以减弱因日光的影响使其升温。

四、包装工艺

目前，国内外植物绝缘油抗氧化包装主要采取阻氧、避光的包装形式，以隔绝外界的氧气和光线对植物绝缘油氧化安定性的影响。可采用密封塑料容器增强密封性，进一步提升隔绝氧的能力，保证植物绝缘油的品质。

第七章

植物绝缘油质量标准

标准是在一定的时期内具有法规性的约束力，大家必须遵守的条文、条款和数字指标，是随着科学技术以及工艺的不断发展和进步而逐渐修改、补充、更新和完善的。我国电力系统对电力用油的质量要求是比较严格的，为保证发、供电设备的安全、经济运行，我国有关部门制定了新绝缘油和运行中绝缘油的质量标准，有力地促进了电力工业的高速发展。

随着电气设备向高电压、大容量和低损耗方向发展，对绝缘油的质量不仅要求其电气性能更加优越，而且对油的化学性能、热稳定性和抗氧化稳定性及抗腐蚀性等方面提出了更高的要求。一般情况下，每隔5～10年对绝缘油的标准就需要清理、修改及更新。我国绝缘油的相关标准已向国际标准靠拢，绝大部分项目指标已接近国际同类标准的水平。

目前，我国关于绝缘油的标准大多都是以矿物绝缘油为主，现行的标准有 GB 50150—2016《电气装置安装工程　电气设备交接试验标准》、GB 2536—2011《电工流体　变压器和开关用的未使用过的矿物绝缘油》、GB/T 7595—2017《运行中变压器油质量》、DL/T 596—2005《电力设备预防性试验规程》、SH 0040—1991《超高压变压器油》、DL/T 1094—2008《电力变压器用绝缘油选用导则》及 GB/T 14542—2017《变压器油维护管理导则》等。

植物绝缘油作为绝缘介质在国外的配电变压器中得到了广

泛的使用，并逐步应用于大型电力变压器中，所以国际上及一些先进的国家，如国际电工委员会（IEC）、美国电气和电子工程师协会（IEEE）及美国材料与试验协会（ASTM）等都有较为完善的植物绝缘油相关标准。

近几年，随着植物绝缘油领域在国内的快速发展，我国也相继制定了植物绝缘油的相关标准，以指导植物绝缘油及植物绝缘油变压器的推广与应用。

第一节 未使用的植物绝缘油质量标准

一、国际标准

由于电力工业的快速发展，为满足国民经济的需要和人们对环保及消防安全的要求，变压器就有可能用到不同国家的植物绝缘油，故对国际上植物绝缘油相关标准进行介绍。

（一）美国材料与试验协会标准（ASTM D 6871）

2003 年，美国材料与试验协会颁布实施了 ASTM D 6871：2003《电气设备中使用的天然酯（植物油）液体标准规范》（*Standard Specification for Natural (Vegetable Oil) Ester Fluids Used in Electrical Apparatus*）。该标准对天然酯（植物）绝缘油的主要理化性能、电气性能参数提出明确要求，但对最重要性能参数之一的氧化安定性没有做出规定，具体性能要求见表 7-1。

表 7-1 ASTM D 6871：2003 对未使用的植物绝缘油性能要求

项 目	试验方法	质量指标
物理性能		
色度	ASTM D1500	≤1.0
燃点（℃）	ASTM D92	≥300

续表

项目			试验方法	质量指标
闪点（℃）			ASTM D92	≥275
倾点（℃）			ASTM D97	≤-10
相对密度（比重）（15℃/15℃）			ASTM D1298	≤0.96
黏度（cSt）	100℃（212°F）		ASTM D445 或 ASTM D88	≤15
	40℃（104°F）			≤50
	0℃（32°F）			≤500
外观检查			ASTM D1524	清澈、透明
电气性能				
击穿电压（60Hz）	圆盘电极（kV）		ASTM D877	≥30
	VDE 电极（kV）	1mm（0.04in）间距	ASTM D1816	≥20
		2mm（0.08in）间距		≥35
冲击电压（25℃）（针-球接地，25.4mm 间距）（kV）			ASTM D3300	≥130
介质损耗因数（60Hz，%）	25℃		ASTM D924	≤0.20
	100℃			≤4
析气倾向（μL/min）			ASTM D2300	≤0
化学性能				
腐蚀性硫			ASTM D1275	非腐蚀性
中和值、总酸值（以 KOH 计，mg/g）			ASTM D974	≤0.06
PCB 含量（mg/kg）			ASTM D4059	未检出
含水量（mg/kg）			ASTM D1533	≤200

（二）美国电气和电子工程师协会标准（IEEE Std C57.147）

IEEE Std C57.147：2018《变压器用天然酯液体验收和维护

导则》(*IEEE Guide for Acceptance and Maintenance of Natural Ester Fluids in Transformers*）是美国电气和电子工程师协会在2008年颁布实施的，并与2018年完成其修订工作。该标准对未使用的天然酯（植物）绝缘油的性能参数要求跟ASTM D6871—2003《电气设备用天然酯（植物油）液体标准规范》一致，并对天然酯（植物）绝缘油的验收要求、灌装、保存及维护、注入变压器后的天然酯（植物）绝缘油性能要求及运行的变压器中天然酯（植物）绝缘油的维护、安全环境保护等方面做出规定，主要参数见表7-2。

表7-2　IEEE Std C57.147：2018对未使用的植物绝缘油性能要求

<table>
<tr><th colspan="2">项目</th><th>试验方法</th><th>质量指标</th></tr>
<tr><td colspan="2">闪点（℃）</td><td>ASTM D92</td><td>≥275</td></tr>
<tr><td colspan="2">燃点（℃）</td><td>ASTM D92</td><td>≥300</td></tr>
<tr><td rowspan="3">运动黏度（cSt）</td><td>0℃</td><td rowspan="3">ASTM D445</td><td>≤500</td></tr>
<tr><td>40℃</td><td>≤50</td></tr>
<tr><td>100℃</td><td>≤15</td></tr>
<tr><td colspan="2">倾点（℃）</td><td>ASTM D97、ASTM D5949、ASTM D5950</td><td>≤-10</td></tr>
<tr><td colspan="2">色度</td><td>ASTM D1500</td><td>≤L1.0</td></tr>
<tr><td colspan="2">相对密度（25℃）</td><td>ASTM D1298</td><td>≤0.96</td></tr>
<tr><td colspan="2">腐蚀性硫</td><td>ASTM D1275</td><td>非腐蚀性</td></tr>
<tr><td colspan="2">酸值（以KOH计，mg/g）</td><td>ASTM D974</td><td>≤0.06</td></tr>
<tr><td colspan="2">含水量（20℃，mg/kg）</td><td>ASTM D1533</td><td>≤200</td></tr>
<tr><td rowspan="2">击穿电压（kV）</td><td>1mm间距</td><td rowspan="2">ASTM D1816</td><td>≥20</td></tr>
<tr><td>2mm间距</td><td>≥35</td></tr>
<tr><td rowspan="2">介质损耗因数（%）</td><td>25℃</td><td rowspan="2">ASTM D924</td><td>≤0.20</td></tr>
<tr><td>100℃</td><td>≤4.0</td></tr>
<tr><td colspan="2">冲击电压
（25℃，25.4mm间距，kV）</td><td>ASTM D3300</td><td>≥130</td></tr>
</table>

（三）国际电工委员会标准（IEC 62770）

IEC 62770：2013《电工流体 变压器及类似电气设备用未使用过的天然酯》（*Fluids for electrotechnical applications-Unused natural eaters for transformers and similar electrical equipment*）由国际电工委员会 2013 年颁布。该标准分别介绍了天然酯（植物）绝缘油的物理、电气、化学、运行、健康、安全和环境（HSE）等性能、含义、试验方法，对天然酯（植物）绝缘油的分类、鉴别、一般验货要求和抽样等方面作出明确规定。未使用的植物绝缘油性能指标见表 7-3。

表 7-3 IEC 62770：2013 对未使用的植物绝缘油性能要求

项目		试验方法	质量指标
物理特性			
外观			清澈，无沉淀物和悬浮物质
运动黏度（mm^2/s）	100℃	ISO 3104	≤15
	40℃		≤50
倾点（℃）		ISO 3016	≤-10
含水量（mg/kg）		IEC 60814	≤200
密度（20℃，kg/m^3）		ISO 3675 或 ISO 12185	≤1000
电气特性			
击穿电压（kV）		IEC 60156 （2.5 mm 间距）	≥35
介质损耗因数（tanδ）（90℃）		IEC 60247	≤0.05
化学特性			
可溶性酸值（以 KOH 计，mg/g）		IEC 62021-3	≤0.06
腐蚀性硫 二苄基二硫醚		IEC 62535 或 ASTM D1275B IEC 62697-1	无腐蚀性 低于检测限
总添加剂		IEC 60666 或其他合适的方法	≤5%（质量分数）
特性：根据 IEC 61125：1992 中方法 C 的氧化安定性试验后的显著性能			

续表

项目	试验方法	质量指标
总酸值（以 KOH 计，mg/g）	IEC 61125：1992　1.9.4	≤0.6
运动黏度（40℃）（比初始值增加量）	ISO 3104	≤30%
介质损耗因数（tanδ）（90℃）	IEC 60247	≤0.5
健康、安全和环境（HSE）		
燃点（℃）	ISO 2592	≥300
闪点（℃）	ISO 2719	≥250
生物降解	US EPA OECD 301 B，　C 或 F US EPA OPPTS 835.311	易生物降解

二、国内标准

近几年来，随着我国植物绝缘油精炼技术的发展，植物绝缘油在变压器中的应用日益增多，为进一步提升植物绝缘油及植物绝缘油变压器规范化及标准化水平，相关行业领域也颁布了相应标准，为植物绝缘油的推广应用提供指导。

（一）电力行业标准（DL/T 1360）

DL/T 1360—2014《大豆植物变压器油质量标准》根据《国家能源局关于下达 2010 年第一批能源领域行业标准制（修）订计划的通知》的要求制定，由中国电力企业联合会提出，全国电气化学标准化技术委员会归口，于 2014 年颁布实施。该标准规定了新的天然酯类（能完全生物降解）大豆植物变压器油的质量标准和检验方法，主要性能参数见表 7-4。

表 7-4　DL 1360—2014 对大豆植物变压器油性能要求

项目		试验方法	质量指标
外观		目测	清澈、透明
运动黏度（mm^2/s）	40℃	GB/T 265	≤50
	100℃		≤15

续表

项目		试验方法	质量指标
倾点（℃）		GB/T 3535	≤-10
含水量（mg/kg）		GB/T 7600	≤200
密度（20℃）（g/cm^3）		GB/T 1884 或 GB/T 1885	≤1.0
击穿电压（kV）		GB/T 507	≥35
介质损耗因数（90℃）		GB/T 5654	≤0.5
酸值（以 KOH 计，mg/g）		NB/SH/T 0836 和 IEC 62021-2	≤0.06
腐蚀性硫		GB/T 25961	无
氧化安定性	总酸值（以 KOH 计，mg/g）	NB/SH/T 0811	报告
	油泥（质量分数）		报告
	介质损耗因数（90℃）		报告
燃点（℃）		GB/T 3536	＞300
闪点（℃）		GB/T 3536	＞250

该标准仅适用于以大豆油为原油的植物绝缘油，在使用时具有一定的局限性。现有的天然酯绝缘油不仅仅限于大豆绝缘油，还有菜籽绝缘油、山茶籽绝缘油及棕榈绝缘油等。作为重要的电气性能指标，介质损耗因数指标过于宽松，在一定程度上影响电气设备的安全运行。此外，氧化安定性试验完全遵从 NB/SH/T 0811 的要求进行测定是无法可行的。实验证明，植物绝缘油按照矿物绝缘油的 164h 进行氧化安定性测试时，72h 后植物绝缘油会变成透明凝胶固体状态，所以应该采用 IEC 62770：2013《电工流体 变压器及类似电气设备用未使用的天然酯》中附录 A 推

荐的方法进行。

（二）电力行业标准（DL/T 1811）

DL/T 1811—2018《电力变压器用天然酯绝缘油选用导则》根据《国家能源局 2013 年第二批能源领域行业标准制（修）订计划》的要求制定，由中国电力企业联合会提出，电力行业电力变压器标准化技术委员会（DL/TC 02）归口，于 2018 年颁布实施。该标准在 IEC 62770：2013《电工用液体 变压器和类似电气设备用未使用过的天然酯》和 IEEE Std C57.147：2008《变压器用天然酯选用和维护导则》的基础上结合目前该领域研究成果编制而成，对未使用过的天然酯（植物）绝缘油在选用要求、现场验收和处理、注油后的要求以及维护处理等方面提出明确规定，主要性能参数见表 7-5。

表 7-5　未使用过的天然酯绝缘油技术要求（DL/T 1811—2018）

项目		技术指标	试验方法
1．物理特性			
外观		清澈透明、无沉淀物和悬浮物	目测
运动黏度[a]（mm^2/s）	100℃	≤15	GB/T 265
	40℃	≤50	
	0℃	≤500	
倾点（℃）		≤-10	GB/T 3535
含水量（mg/kg）		≤200	GB/T 7600 或 NB/T 42140
密度（20℃，kg/m^3）		≤1000	GB/T 1884
2．电气特性			
击穿电压[b]（2.5mm，kV）		≥40	GB/T 507
介质损耗因数（$\tan\delta$）（90℃）		≤0.04	GB/T 5654
3．化学特性			
酸值（以 KOH 计，mg/g）		≤0.06	IEC 62021-3 或 GB/T 264

续表

<table>
<tr><th colspan="2">项目</th><th>技术指标</th><th>试验方法</th></tr>
<tr><td colspan="2">腐蚀性硫</td><td>非腐蚀性</td><td>GB/T 25961 或 SH/T 0804</td></tr>
<tr><td colspan="2">总添加剂（质量分数）</td><td>≤5%</td><td>IEC60666 或其他方法</td></tr>
<tr><td rowspan="3">氧化安定性（见DL/T 1811—2018附录B）</td><td>总酸值
（以 KOH 计，mg/g）</td><td>0.6</td><td>NB/SH/T 0811</td></tr>
<tr><td>运动黏度（40℃）
（比初始值增加量）</td><td>≤30%</td><td>GB/T 265</td></tr>
<tr><td>介质损耗因数
（tanδ）（90℃）</td><td>≤0.5</td><td>GB/T 5654</td></tr>
<tr><td colspan="4">4．健康、安全与环境（HSE）</td></tr>
<tr><td colspan="2">燃点
（℃）</td><td>≥300</td><td>GB/T 3536</td></tr>
<tr><td colspan="2">闪点
（℃）</td><td>≥250</td><td>GB/T 261</td></tr>
<tr><td colspan="2">生物降解性</td><td>易生物降解</td><td>GB/T 21801、GB/T 21802 或 GB/T 21856</td></tr>
</table>

[a] 当所提供的天然酯绝缘油倾点低于-20℃时，宜提供最低冷态投运温度对应的运动黏度值。

[b] 未使用过的天然酯绝缘油交付时的击穿电压测试值。

第二节 变压器注油后对植物绝缘油技术要求

注满植物绝缘油的变压器静置时间要比矿物绝缘油变压器长。植物绝缘油运动黏度大，在同等条件下，植物绝缘油比矿物绝缘油需要更长的时间来浸渍绝缘纸（纸板），若采用厚绝缘纸板的变压器则需要更长时间来充分浸渍植物绝缘油，所以注油后要适当延长植物绝缘油变压器的静置时间。

此外，静置时间满足要求后，还应对变压器中的植物绝缘油进行取样检测，绝缘油性能满足相关要求后才能够进行后续的试验。

一、国际标准（IEEE Std C57.147）

IEEE Std C57.147：2018《变压器用天然酯液体验收和维护导则》（*IEEE Guide for Acceptance and Maintenance of Natural Ester Fluids in Transformers*）对注入变压器后的天然酯（植物）绝缘油性能要求见表 7-6。

表 7-6　注入变压器后的天然酯（植物）绝缘油性能要求（电压等级＜230kV）

项　目		试验方法	技术指标		
			≤69kV	＞69kV ＜230 kV	≥230kV
击穿电压（kV）	1mm	ASTM D1816	≥25	≥30	≥35
	2mm		≥45	≥55	≥60
介质损耗因数（25℃）（%）		ASTM D924	≤0.5	≤0.5	≤0.5
色度		ASTM D1500	≤L1.0	≤L1.0	≤L1.0
目测		ASTM D1524	清澈、透明	清澈、透明	清澈、透明
酸值（以 KOH 计，mg/g）		ASTM D974	≤0.06	≤0.06	≤0.06
含水量（mg/kg）		ASTM D1533	≤300	≤150	≤100
燃点（℃）		ASTM D92	≥300	≥300	≥300
运动黏度（40℃）（cSt）		ASTM D445	≤50	≤50	≤50
溶解气体总含量（%）		ASTM D3612	—	—	0.5 或根据制造商的要求

二、国内标准（DL/T 1811）

DL/T 1811—2018《电力变压器用天然酯绝缘油选用导则》中明确指出“如无规定时，35kV 及以下植物绝缘油变压器静置时间应不少于 24h，其他电压等级由变压器制造商确定”。此外该标准还规定，植物绝缘油灌注完成且变压器静置时间满足要求后，需对变压器中的植物绝缘油进行取样测试，其性能满足表7-7的要求后方可通电。

表 7-7　　变压器注油后对植物绝缘油技术要求

项　目	试验方法	技术指标		
		≤35kV	110（66）kV	220kV
外观	目测	清澈透明、无沉淀物和悬浮物		
击穿电压（2.5mm）（kV）	GB/T 507	≥40	≥45	≥50
介质损耗因数（tanδ）（90℃）	GB/T 5654	≤0.07	≤0.05	≤0.04
酸值（以 KOH 计，mg/g）	IEC 62021-3 或 GB/T 264	≤0.06	≤0.06	≤0.06
水含量（mg/kg）	GB/T 7600 或 NB/T 42140	≤300	≤150	≤100
运动黏度（40℃）（mm^2/s）	GB/T 265	≤50	≤50	≤50
闪点（℃）	GB/T 261	≥250	≥250	≥250

第三节　运行中植物绝缘油性能要求

运行中绝缘油质量的好坏直接关系到变压器的安全运行和使用寿命。虽然绝缘油的老化是不可避免的，但是加强油质的监督和维护，采取合理而有效的防劣措施，有针对性地制定变压器维护方案，可以延缓绝缘油的劣化过程，进而提高变压器运行的可靠性。

全球运行中的植物绝缘油变压器已超过100万台，并逐步应用于大型电力变压器中。为了有效地对运行中的植物绝缘油进行监督和管理，IEEE Std C57.147：2018《变压器用天然酯液体验收和维护导则》给出了运行中植物绝缘油部分参数建议值，具体见表 7-8。

表 7-8　　运行中植物绝缘油性能参数建议限值

项目		试验方法	技术指标		
			≤69kV	>69kV <230kV	≥230kV
击穿电压（kV）	1mm	ASTM D1816	≥23	≥28	≥30
	2mm		≥40	≥47	≥50
介质损耗因数（%）	25℃	ASTM D924	没有足够的数据来给出相应的限值	没有足够的数据来给出相应的限值	没有足够的数据来给出相应的限值
	100℃				
含水量（mg/kg）		ASTM D1533	≤450	≤350	≤200
燃点（℃）		ASTM D92	≥300	≥300	≥300
运动黏度（40℃）（比初始值增加量，%）		ASTM D445	≥10	≥10	≥0

此外，IEEE Std C57.147：2018 附录 B 中还给出了服役老化植物绝缘油的关键性能参数，具体见表 7-9。

表 7-9　　服役老化植物绝缘油关键性能参数

项　　目	试验方法	技术指标		
		≤69kV	>69kV <230 kV	≥230kV
介质损耗因数（25℃，%）	ASTM D924	≥3	≥3	≥3
运动黏度（40℃）（比初始值增加量）（%）	ASTM D445	≥10	≥10	≥10
酸值（以 KOH 计，mg/g）	ASTM D974	≥0.5	≥0.3	≥0.3
闪点（℃）	ASTM D92	≤275	≤275	≤275

续表

项　　目	试验方法	技术指标		
		≤69kV	>69kV <230 kV	≥230kV
色度	ASTM D1500	≥1.5	≥1.5	≥1.5
界面张力（mN/m）	—	≤10	≤12	≤14
抑制剂含量		与制造商联系以获得推荐的抑制剂测试方法和相关限值		

我国在最近几年的时间里才陆续有植物绝缘油变压器挂网运行，其运行时间相对较短，运行实例相对较少，且没有过多的实际运行数据。为了进一步加强对运行中植物绝缘油的监督和管理，为植物绝缘油变压器的运行维护及推广应用提供指导，DL/T 1811—2018 参照 IEEE Std C57.147：2008，在资料性附录 C 中给出了运行中植物绝缘油的老化退役参数，具体见表 7-10。

表 7-10　运行老化植物绝缘油性能参数注意值（DL/T 1811—2018）

项目	电压等级分类			试验方法
	≤35kV	110（66）kV	220kV	
介质损耗因数（25℃，%）	≥3	≥3	≥3	GB/T 5654
运动黏度增加量（40℃，%）	≥10	≥10	≥10	GB/T 265
酸值 （以 KOH 计，mg/g）	≥0.5	≥0.3	≥0.3	IEC 62021-3 或 GB/T 264
闪点 （℃）	≤250	≤250	≤250	GB/T 261
界面张力（mN/m）	≤10	≤12	≤14	GB/T 6541
添加剂含量 （%）	（见注 2）	（见注 2）	（见注 2）	IEC 60666

注 1．本表数据仅限于一直使用植物绝缘油的变压器，这些数据是基于非常有限的加速老化和现场运行超过 10 年的变压器采集的样本。

2．与制造商联系具体的植物绝缘油推荐的添加剂限值。

第四节　运行中植物绝缘油中溶解气体含量

作为液浸式电力设备绝缘监督的重要手段，油中溶解气体分析（dissolved gas analysis，DGA）技术能有效地检测设备内部的绝缘缺陷或故障，可定期对运行设备内部状况进行诊断，从而制定合理的运维、检修计划，确保电网的安全稳定运行。

DGA 技术在矿物绝缘油变压器的故障诊断中得到了成熟应用。近年来随着植物绝缘油变压器的推广应用，人们开始关注 DGA 技术在植物绝缘油变压器中的适用性。植物绝缘油的主要成分是脂肪酸甘油三酯，其中包含大量的甘油基团和脂肪酸基团，与由烃类分子组成的矿物绝缘油的分子结构差异较大，故气体在植物绝缘油中的 Ostwald 平衡系数也与矿物绝缘油存在着差异，具体见表 7-11。

表 7-11　50℃下溶解气体在不同绝缘油中的 Ostwald 系数

分析项目	H_2	O_2	N_2	CO	CO_2	CH_4	C_2H_6	C_2H_4	C_2H_2
植物绝缘油	0.06	0.12	0.09	0.10	1.05	0.31	1.66	1.22	1.75
矿物绝缘油	0.06	0.17	0.09	0.12	0.92	0.39	2.30	1.46	1.02

注：植物绝缘油基础油为大豆油，Ostwald 系数由西安热工研究院有限公司检测获得。

现有的绝缘油中溶解气体含量的测定、计算方法及故障诊断的相关标准对新型的植物绝缘油并不适用，无法通过 DGA 技术对运行中的天然酯绝缘油变压器进行监测和评估。2014 年，美国电气和电子工程师协会颁布实施了 IEEE Std C57.155：2014《天然酯和合成酯式变压器产气分析导则》（*IEEE Guide for Interpretation of Gases Generated in Natural Ester and Synthetic Ester-Immersed Transformers*），并给出了在一定的置信区间内运行中植物绝缘油中溶解气体含量注意值，见表 7-12。

表 7-12　运行中植物绝缘油中溶解气体含量注意值　μL/L

类型	记录数量		H_2	CH_4	C_2H_6	C_2H_4	C_2H_2	CO
大豆绝缘液	4378	90%	112	20	232	18	1	161
		95%置信区间	105～118	19～22	219～247	17～20	1	150～179
高油酸葵花籽绝缘液	476	90%	35	25	58	16	0	497
		95%置信区间	24～45	18～30	36～84	12～23	0	314～583
合成酯	157	90%	64	104	124	150	13	1344
		95%置信区间	52～82	49～135	105～362	79～215	0～33	937～1526

第八章

植物绝缘油验收及储存

加强植物绝缘油的验收、储存过程中的油务监督，在一定程度上可以减少因新的植物绝缘油品质不良而引起的变压器故障，真正体现油务监督“预防为主”的方针。

第一节 验 收

为保证运行中植物绝缘油的质量，首先应对新的植物绝缘油进行验收。新的植物绝缘油的验收，应严格按照有关标准方法和程序进行，需要有相关岗位合格证且经验丰富、技术水平高的工作人员操作，并对全过程进行严格把控，以保证验收数据的真实性和可靠性。

新的植物绝缘油交货时，应对接收的油品进行检验监督，以防出现差错。应按照GB/T 7597中规定的程序进行取样，并进行外观检测。取样是试验结果准确性的基础，正确的取样技术和样品的保存在一定程度上可以确保试验结果的准确性。非正确取样操作及样品容器的污染会导致错误的试验结果，进而会影响对植物绝缘油质量的正确评价。

一、新油到货验收时的取样

（一）从油桶中取样

如果新的植物绝缘油是以桶装的形式交付用户的，接收单位应逐桶核对标示的牌号是否一致。为了保证桶盖上不积水，应将每个油桶竖立倾斜，使桶盖处于倾斜面的最上部。最好放置在温度变化小的室内，如需置于室外，应用防雨布盖住以免下雨或是漏水造成水分从桶盖处进入植物绝缘油而影响其性能。

对整批桶装植物绝缘油的到货，取样的桶数应能足够代表该批绝缘油的质量，植物绝缘油具体取样桶数与矿物绝缘油相同，见表 8-1。

表 8-1　　批量桶装植物绝缘油到货时的取样桶数

总油桶数	1	2～5	6～20	21～50	51～100	101～200	201～400	≥401
取样桶数	1	2	3	4	7	10	15	20

从油桶中取样需要使用玻璃管或是专业的采样工具。取样前需用干净的无绒白布将桶盖外部擦拭干净，不得将纤维带入油中以避免外界的污染。玻璃管的长度应能达到油桶底部，且放进油桶之前需对其进行清洁，以免污染油品。清洁时应采用聚丙烯或类似材料的布擦拭取样器。

采样时将玻璃管伸入油桶高度一半的位置，用取出的绝缘油冲洗玻璃管，然后排掉，重复冲洗 2～3 次后再进行严格的取样操作。其操作方法是：用拇指按住玻璃管顶部并将其插入油桶底部，然后放开拇指；当绝缘油充满玻璃管后，再用拇指堵住玻璃管顶端，将充油玻璃管提出，插入取样瓶，松开拇指，将取样管中的植物绝缘油淌入棕色取样瓶中，重复操作，直到取样的量满足要求。通过此方法采取的油样具有较好的代表性，即使油桶底部的绝缘油也可以抽取到。此外，应尽量缩短取样时间，以避免空气中的潮气进入植物绝缘油中。取油完毕后及时做好密封处理。

油样应是从各个油桶底部所取的油样经混合后的样品。当试验发现油样有问题时，应逐桶取样进行外观检查和性能试验以查明原因。

（二）从油罐或油槽中取样

从油罐或油槽中取样与从变压器中取样要求相同。取样前，应先检查油罐或油槽的密封情况，然后再按照规定的取样方法取样。应从设备底部的取样阀处取油，使取出的油样能够代表油罐或是油槽中植物绝缘油的品质。

取样时，应先将取样阀用干净抹布擦净，再放油冲洗干净，并放油冲洗取样瓶 2～3 次，然后直接注满取样瓶（中间不得使用胶管、滤纸或其他容器、工具等过滤），不得留有空间。为使油样能够反映实际情况，在取样过程中油样不应和潮气接触，取样的容器及连接管要保持清洁和干燥。

二、验收

国产的新植物绝缘油应按照 DL/T 1811《电力变压器用天然酯绝缘油选用导则》，对植物绝缘油的外观、运动黏度、含水量、酸值、击穿电压、介质损耗因数及闪点等性能按照相关标准规定的试验方法进行检测，检测结果满足要求后方可接收。以大豆油为原油的植物绝缘油可以参考 DL/T 1360《大豆植物变压器油质量标准》。

对于进口的植物绝缘油，例如 BIO TEMP®、Envirotemp FR3® 及 MIDEL eN 等，则应按照相应的国际标准（ASTM D 6871、IEEE Std C57.147 及 IEC 62770 等）或按合同规定的性能要求验收。需要注意的是，验收的试验方法应按照标准中明确规定的要求执行，而不能只是性能指标按国外的，而试验方法是按国内的。虽然我国标准大部分是等同或是修改采用国际标准，但是有些方法还是存在着差异。

第二节　储　　存

植物绝缘油是一种极具成本效益的绝缘液体，但是由于氧化安定性差、吸湿性强及运动黏度大等特性，其储存要求与矿物绝缘油存在着一定的差异。为了保证优良的介电性能，植物绝缘油在注入储存设备前必须经过脱水、脱气和充氮密封处理，而且储存时也必须采取相应的措施。

一、储存容器

植物绝缘油通常采用油桶和油罐等容器储运，所用的容器及辅助设备（如软管、管道、油罐等）应清洁、干燥、密封，且为植物绝缘油专用。油桶或油罐储存植物绝缘油时，油面宜采用干燥氮气或是干燥惰性气体进行密封覆盖，或是采用真空的形式将储油罐中的空气除去。

目前，国内植物绝缘油主要提供 180kg 和 1000kg 的密封油桶。在收到植物绝缘油时，观察会发现油桶产生了轻微的变形，这主要是由于脱气干燥处理后的植物绝缘油在储存过程中吸收了容器顶部空间内一定量的气体从而产生真空所致，属于正常现象，这说明油桶密封性良好。

在选择储存容器时，需要注意储存容器本身材质、衬里及内部镀层和植物绝缘油的相容特性。若相容性差，储存期间容器材料溶入植物绝缘油中，导致植物绝缘油酸值及介质损耗因数增加，使其电气绝缘性能恶化，无法进行使用。例如，研究发现，镀锌钢材和锌漆与植物绝缘油不相容，所以广泛应用于矿物绝缘油的镀锌钢桶就无法作为储存植物绝缘油的容器使用。

二、储存要求

植物绝缘油如果原封储存，可以保持很长时间。一旦打开，就应对植物绝缘油进行防护处理。与矿物绝缘油相比，植物绝缘油氧化安定性较差，所以应尽量避免与空气接触，特别是在受热条件下。

植物绝缘油具有良好的吸湿特性，长时间的接触潮湿空气会导致其吸收空气中大量的水分。如果只使用了储存容器中的部分绝缘油，剩余部分需要保存，则容器顶部空间应采用干燥氮气回填以便在妥善重新密封保存前排除空气。在条件允许的情况下，也可以采用真空负压保存。

最好将植物绝缘油储存容器放在室内，以避免极端温度及露天存放。如果必须放在室外，应避免阳光直射；若无法避免阳光直射，则应进行一定的遮阳处理。植物绝缘油不宜储存在环境温度高或是湿度较大的地方（除非有干燥剂维护），储存环境温度宜在–10～40℃之间。同时还应采取相应的防雨措施。

通常情况下，植物绝缘油可以直接从储存容器中泵出。当气温接近植物绝缘油倾点时，需要对其进行加热处理，然后再从储油罐中泵出。

植物绝缘油除了具有良好的电气绝缘性能外，还具有优良的润滑性能，所以其输送不需要专门的泵送设备。相同温度下植物绝缘油运动黏度高于矿物绝缘油，因此在具体选择泵送系统时必须加以考虑。在给定的温度下，若要保持与矿物绝缘油相等的排量，则需要选用大排量的输送泵。

现有的矿物绝缘油储油罐用于储存植物绝缘油时，应满足以下标准：

（1）输送泵与管道能够输送黏度更大的植物绝缘油，在低温环境中输送植物绝缘油时能够在现有的条件下采取如下措施：输油管路采取电加热或是蒸汽伴热的加热措施，储油罐设置有加热装置。

（2）储油罐系统（包括软管、管路、法兰、接口、油罐、涂层及其他辅助部件）均与植物绝缘油具有良好的相容特性。

（3）储油罐应该彻底清洁、干燥，并对生锈及泄露情况进行检查处理。

（4）应将储油罐中的残油排净，并用 60～80℃的植物绝缘油彻底冲洗后才能储存植物绝缘油，以免造成污染。

植物绝缘油储存车间及油处理站的设计必须符合消防与工业卫生和环境保护的要求。植物绝缘油具有矿物绝缘油无法比拟的消防安全及环保优势，所以矿物绝缘油罐的安装间距和油罐区与周围建筑的防火间距也完全可以满足植物绝缘油罐的防火间距，具体见表 8-2 和表 8-3。

表 8-2　　一个油罐区内油罐相邻间的防火距离

油罐形式	地上式	半地下式	地下式
闪点在 45℃以上的可燃油	0.75D	0.5D	0.4D

注　D 为两相邻油罐中较大的油罐直径，m。

表 8-3　　油罐区与周围建筑物的防火距离

一个油罐区总贮油量（m^3）	防火距离（m）		
	建筑物耐火等级		
	一、二级	三级	四级
5～250	12	15	20
251～1000	15	20	25
1001～5000	20	25	30
5001～25000	25	30	40

注　1．防火间距应从距建筑物最近的贮存罐外壁算起，但防火堤外侧基脚线至建筑物的距离最小不应小于 10m。

2．一个单位如有几个贮罐区之间的防火间距不应小于表中相应贮量四级建筑物的间距值。

3．建筑物的耐火等级，是由组成房屋构件的燃烧性能和构件最低的耐火极限决定，具体为一级 1.5h，二级为 1.0h，三级为 0.5h，四级为 0.25h。

此外，与任何电解质溶液一样，当植物绝缘油流经管道时可能会产生静电，故在作业时应确保输油泵、管道及容器的固定和接地良好。

第九章

植物绝缘油运行维护

第一节　注 油 要 求

向变压器注油之前需要对新的植物绝缘油进行真空脱气、脱水处理。一般情况下，植物绝缘油的脱气应在60～100℃、真空度低于220Pa的条件下进行处理，最大限度地脱去植物绝缘油中的水分和气体。

经过真空脱气和过滤处理后的植物绝缘油应直接注入变压器中。为了避免变压器内纤维材料中出现空气滞留，应该从植物绝缘油变压器底部进行填充注油，最好是底部真空注油。为了有助于纤维材料的浸渍，建议在注油时将植物绝缘油油温保持在60～80℃，并且在整个浸渍阶段都保持该温度。70℃时的植物绝缘油运动黏度与20℃时矿物绝缘油的运动黏度非常接近，这说明在该条件下两者具有相同的浸渍率。

在注油的各个阶段，应尽量避免空气和颗粒物进入植物绝缘油中。如果无法避免和空气接触，则应控制其暴露于空气中的时间至最低，以免导致植物绝缘油出现任何性能指标的下降。

在同等条件下，植物绝缘油一般比矿物绝缘油需要更长的时间浸渍绝缘纸板，采用厚绝缘纸板的变压器则需要更长时间来充分浸渍植物绝缘油。植物绝缘油的浸渍速率与油温和纤维材料厚度成函数关系，浸渍速率可以通过变压器和绝缘材料制造商或是植物绝缘油生产商获得，浸渍时间主要取决于纸板类型、厚度、绝缘油的初始温度、环境温度及电压等级等。如无规定时，35kV

及以下植物绝缘油变压器静置时间不少于24h。

变压器注油完成且静置时间满足要求后，应该对变压器中的植物绝缘油进行取样测试，其性能指标满足相关标准的要求才能进行高压试验。

第二节　运行中植物绝缘油取样及检测

运行中植物绝缘油质量的好坏直接关系到变压器的安全运行和使用寿命。虽然绝缘油的老化是不可避免的，但是加强对绝缘油的监督和维护，采取合理而有效的防劣措施能够延缓植物绝缘油的老化进程，可以延长绝缘油的使用寿命，保证变压器的安全、稳定运行。

为了对运行中的植物绝缘油进行维护管理，需要定期进行试验，这就需要对运行中的变压器进行绝缘油取样检测。如果检测时发现绝缘油指标低于规定的标准，就应采用绝缘油净化、再生等处理措施来恢复绝缘油的原有性能。

应从变压器底部的取样阀处取样，使取出的油样能够代表设备本体的油品质量。取样时，取样瓶与被取油样设备的油温相差不应大于3～5℃，特别是冬天要预先把变压器内的热绝缘油注入取样瓶内使之温热，然后把油倒出，并立即取油装满取样瓶。从户外拿进户内的盛满油的取样瓶，应当塞紧并保持3～4h，直到其温度与室温相同时，才可打开瓶塞进行相关试验。

雨天、雾天、雪天或大风天气应避免在户外取样，若必须在这种天气下取样，则应特别注意防止外界潮气和灰尘给油样带来污染。

对于不同的试验项目，要采用不同的容器取样。一般来说，含水量、含气量和溶解气体分析用的油样要用注射器取样，其他项目用的油样用棕色磨口瓶取样。用注射器取油样主要是为了隔绝空气，含水量与含气量低的植物绝缘油吸潮吸气速度极快，在空气中取样或是用取样瓶取样，测定的试验结果会有一定的误差。用注射器取油进行色谱分析，其目的除了隔绝空气外，还能防止油中溶解气体散失和试验时脱气方便。注射器取样结束后，其针头应立即盖上小胶帽密封。注射器应放置在专用油样盒内，并应避光、防震、防潮。此外，油样应注满容器，不得留有死角。

用棕色磨口瓶取样有两个优点：一是能遮光，二是密封相对较好而又开启方便。对于一般测试项目来说，油样见不见光对其测试影响不大，但是植物绝缘油会发生光氧化，对于酸值和介质损耗因数来说，油样见光后的测试结果与不见光时具有一定的差异，故不用棕色瓶取样的话油样的测试结果是不准确的。即使采用了棕色瓶，也不宜在强光下长时间照射。

植物绝缘油在运行中的劣化程度和污染状况是不完全相同的，因此一般情况下不能用某一项试验来全面判断绝缘油的状况，只能在全面分析检测结果并分析油质劣化原因和确认了污染来源后，才能决定该油是否可以继续运行，以保证设备的安全可靠和经济成本的合理性。

对于运行中植物绝缘油来说，下述的试验项目可以反映绝缘油的情况和设备的健康水平：

（1）颜色和外观。良好的植物绝缘油应该是清澈、透明的，如模糊不清则表明油中具有水分或其他杂质。若油的颜色有明显的加深，则应注意油的老化是否加速，或加强油的运行温度的监控。

（2）击穿电压。该试验可以判断运行中的植物绝缘油中是否存在水分、极性杂质和固体导电微粒。

（3）介质损耗因数。介质损耗因数主要用于判断绝缘油是否脏污或劣化，它只能判断植物绝缘油在运行过程中是否产生极性物质，但是并不能够确定是哪种极性物质。

（4）酸值。酸值的上升是绝缘油开始劣化的标志，酸性物质的存在会提高绝缘油的导电性，降低其绝缘强度，加速固体绝缘材料老化，缩短设备的使用寿命。

（5）界面张力。界面张力反映绝缘油劣化产物和从固体绝缘材料中产生的可溶性极性杂质是比较灵敏的。绝缘油中氧化产物含量越大，则界面张力越小。

（6）水分。水分对绝缘介质的理化、电气性能均有很大的危害性。若运行中植物绝缘油水分增大，有可能是变压器密封不严，潮气侵入，也有可能是其本身在劣化过程当中产生水分。水分直接导致击穿电压降低，介质损耗因数增大，使其电气性能恶化，还会直接参与油、纸纤维素等高分子材料的化学降解反应，促使这些材料降解老化，使绝缘系统遭到永久性破坏。

（7）色谱检测。变压器的常规电气试验虽然能检测和监督其内部故障，但是由于受到各种因素的影响，对检测受潮和损坏明显的故障较容易，但是对发现隐藏的局部缺陷和早期潜伏性故障较难，如局部过热、电晕放电等。

采用绝缘油中溶解气体色谱分析可以检测变压器内部是否存在潜伏性故障，且可以通过一定的方法判断其故障类型。通过从带电运行的变压器中提取少量油样，即可分析和检测变压器内部是否存在故障及故障的严重程度。实践证明，色谱分析检测潜伏性故障的灵敏度和有效性非常高，几乎能检测全部缺陷。

对于运行中植物绝缘油的所有检验项目，超出质量控制限值时应采取相应的处理措施。此外，下述情况也应引起注意：

（1）当检测结果超出了限值范围时，应与之前的试验结果进行对比，如果条件许可，在采取任何处理措施之前应重新取样检测以确保试验结果准确无误。

（2）如果油质快速劣化，应进行跟踪试验，不受检测周期的限制。

（3）对于一些特殊试验项目，如击穿电压低于限值要求，或是色谱发现有故障存在时，则可以不考虑其他特殊试验项目的检测结果，应果断采取措施以保证设备安全。

第三节　补油与混油

运行中的变压器由于多种原因使得绝缘油量不足而需要补充加入额外的绝缘油时，会涉及混油的技术条件。此外，为提高现有矿物绝缘油配电变压器的消防安全性和环保特性，可以在其服役期间换油，换油的同时也涉及了混油的技术条件。

在正常情况下，补油与混油需要注意下述内容：

（1）补充的植物绝缘油应优先使用与变压器内同一基础油、同一类型添加剂的植物绝缘油，以保证运行绝缘油的质量要求。

1）不同基础油的植物绝缘油脂肪酸组分含量不同，其混合后的指标虽然满足相关标准要求，但是目前并没有对混合植物绝缘油进行系统的研究，所以不同基础油的植物绝缘油不宜混合使用，补油时应优先使用与变压器内同一基础油的油品。如需混合使用，则应按照混合后的绝缘油实测性能确定其范围。

2）不同添加剂类型的植物绝缘油混合后，添加剂之间有可能会发生化学变化进而使得添加剂失效，或是生成极性杂质而影响油品的绝缘性能，所以要求被混合油双方都添加同一类型添加剂或是都不含添加剂。

目前，我国植物绝缘油行业正处于发展阶段，不同的厂家具有不同的添加剂配方，不像矿物绝缘油（国产矿物绝缘油只添加T501抗氧化剂），所以补充油应优先选用与变压器内相同的统一基础油，同一添加剂类型的植物绝缘油。

（2）被混合的植物绝缘油双方，质量都应良好。如果补充油是新油，则应符合相应的新植物绝缘油质量标准。只有这样，混合后的油品质量才能得到保证，一般不会低于原来运行油的质量。

（3）当运行油有一项或是多项指标接近极限值，尤其是酸值、界面张力等能反映绝缘油老化性能的指标已接近运行油标准的限值时，如果要补充新的植物绝缘油进行混合，应慎重对待。这种情况应进行混油试验，根据混合绝缘油的实测性能来确定其能否满足实际运行需要。

（4）如果运行中植物绝缘油的质量已有一项或是多项参数不符合运行油质量标准时，则应进行净化或再生处理后再考虑混油的问题。利用补充新油的手段来提高运行油的质量水平是不可取的。

（5）进口植物绝缘油或是来源不明的植物绝缘油与运行油混合使用时，应预先进行各参与混合的单个油样及其准备混合后的油样的老化试验，混合后的绝缘油的性能优于原运行油时，才能进行混油；若参与混合的单个油样全是新油，经老化试验后其混合绝缘油的质量不低于最差的一种新油，才可互相混油。这主要是因为进口或是来源不明的植物绝缘油可能基础油不相同，含有的添加剂也可能不同，所以需要对混合绝缘油进行混油老化试验才能确定其适用性。

（6）植物绝缘油不宜与矿物绝缘油混合使用，如需将其混合使用，应按照混合后的绝缘油实测性能确定其适用范围。

矿物绝缘油饱和含水量较低，不利于抑制水分对油纸绝缘老化的影响；植物绝缘油饱和含水量高，可有效吸收绝缘纸中的水分，从而有效抑制绝缘纸老化。此外，植物绝缘油消防安全性能及环保特性优于矿物绝缘油，但也存在倾点高、抗氧化性差及黏度大等问题。两者混合后的绝缘油具有比植物绝缘油更好的抗氧化性能，具有比矿物绝缘油更好的环保性能和防火性能，其运动黏度与倾点都能得到一定的改善，具体见图 9-1 和图 9-2。

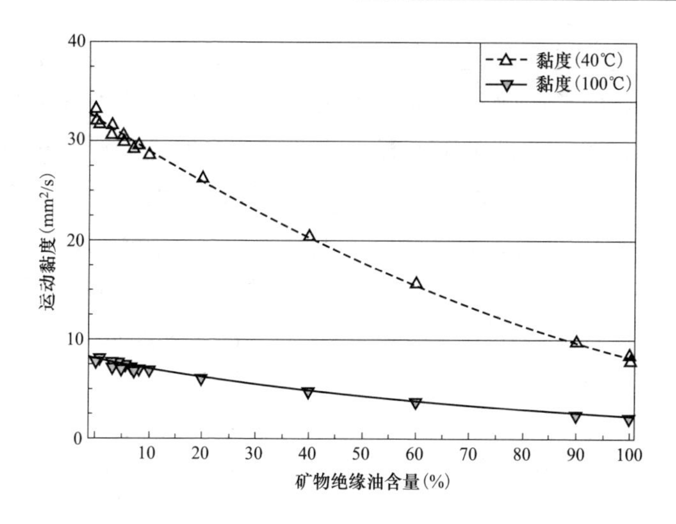

图 9-1　植物绝缘油中混入矿物绝缘油后对其运动黏度的影响

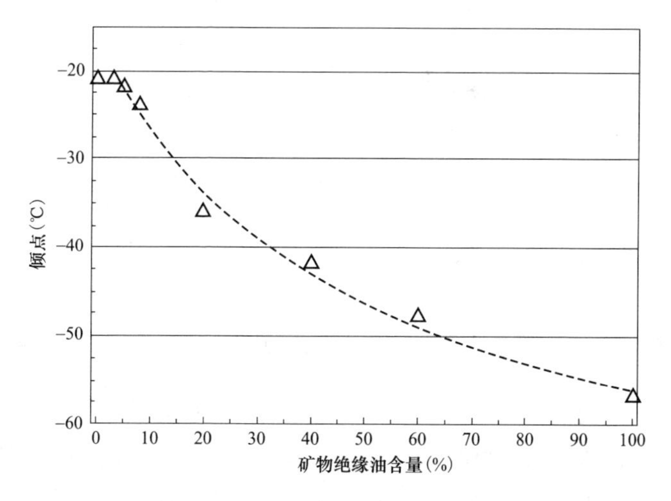

图 9-2　植物绝缘油中混入矿物绝缘油后对其倾点的影响

可以看出，植物绝缘油中随着矿物绝缘油混入比例的增加，其运动黏度和倾点呈现下降的趋势。运动黏度的降低可以在一定程度上提高植物绝缘油的流动性，改善散热性能，延长变压器的使用寿命，而倾点的降低可以避免变压器投运时因绝缘油凝固而引起的问题，还可以进一步扩大植物绝缘油的适用范围。

但是，随着矿物绝缘油混入比例的增加，植物绝缘油生物降解性下降，环保特性不再突显，且其闪点与燃点同样呈现下降的趋势。从图 9-3 中可以看出，当矿物绝缘油混入比例增加至 10%时，植物绝缘油燃点变化较小，但是其闪点已降至 200℃，降低幅度达到了 120℃左右，倾点基本没有发生变化（见图 9-2）；当矿物绝缘油混入比例从 10%增加至 20%时，闪点和燃点均降至 200℃以下，严重影响其消防安全特性。

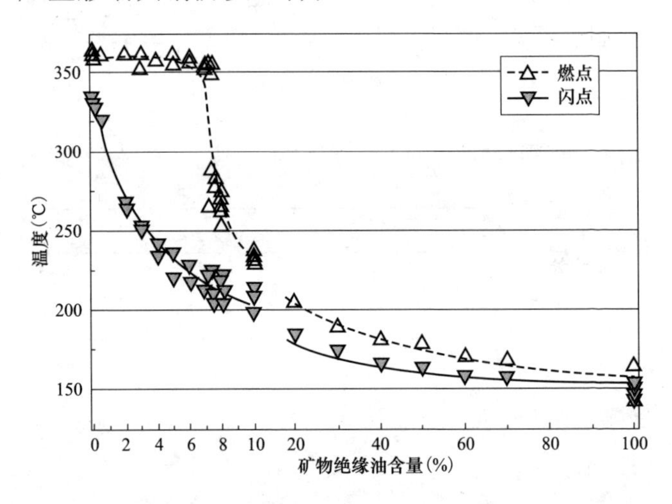

图 9-3 植物绝缘油中混入矿物绝缘油后对其闪点和燃点的影响

植物绝缘油与矿物绝缘油混合使用有利也有弊，一些相关特性及问题还在研究之中，例如两种混合绝缘油在长期使用条件下会不会出现分层的问题，混合绝缘油能不能使用同一种添加剂来提高其特性，混合绝缘油在电、热故障下的产气特征、两种绝缘油的最佳配比及相应的运维经验等，所以植物绝缘油与矿物绝缘油混合使用并不成熟，所以不宜混合使用。

第十章

植物绝缘油净化与再生处理

一般来说，植物绝缘油在运输及储存过程中，不可避免地会受到污染，绝缘油中会混入杂质和水分，使得绝缘油的某些性能变差并加速油的老化。此外在使用过程中，植物绝缘油都会接触到水分、空气（氧）和金属等，同时油在运行过程中还会从外界混入各种杂质。在一定的温度和条件下，这些因素均会使植物绝缘油中部分稳定性差的组分劣化变质。当变质成分及外来杂质数量达到一定程度时，油质指标满足不了使用要求，绝缘油就不能继续使用。

研究发现，植物绝缘油中变质的组分只是其中的很少部分，大部分绝缘油仍然具有良好的性能。如采取一些简单经济的绝缘油处理工艺及方法，就能将变质的组分和外界带入的杂质除去，恢复其理化、电气性能，植物绝缘油就可以重复利用。

植物绝缘油处理按照效果可以分为净化处理和再生处理。

第一节　净 化 处 理

植物绝缘油的净化处理本质上讲属于物理过程，就是通过简单的物理方法除去油中的气体、水分和固体颗粒等杂质，使油品指标满足要求。目前，主要的绝缘油净化处理方法见表 10-1，使用时应根据绝缘油的污染程度和净化后应达到的指标要求和净化处理方法的特点进行选择。

表 10-1　　绝缘油常用净化处理方法

序号	处理方法	处理特点和程度	备注
1	真空喷雾法	经滤油、加热处理后，绝缘油由喷雾器喷出时，因为油的比热容较大，其微粒能再结合成油滴落入油罐内；而绝缘油中的水滴带有一定的热量，再加上油罐的高真空度（93.9～101.2kPa），水滴很快形成汽化状态，被真空泵抽走，进而实现油水分离	为了较为理想的消除绝缘油中的水分，可采用 2～3 级真空处理系统，如再配合吸附剂进行吸附干燥，则效果更好
2	压力式过滤法	采用 LY-50～100 型压力式滤油机，装备简单，便于操作，在常温下可进行。它利用油泵压力将绝缘油强迫通过具有吸附和过滤作用的滤纸而透入滤板槽内，使绝缘油往复过滤得以净化。滤油机的正常压力为 196～392 kPa，超过此值应检查是否堵塞	每一滤板、滤框间嵌装 2～3 张滤纸，且 2h 左右更换一次，滤纸消耗大，适用于含水量和杂质不严重的绝缘油
3	真空净化法	将绝缘油用油泵输入加热器内进行加热，随后经过滤器净化处理，再送入脱气罐进行脱气、脱水处理，使绝缘油中水分在高真空状态下迅速汽化、蒸发，分离出的混合气体被真空泵抽走。净化后的绝缘油从脱气罐下部经真空排油泵、高精度过滤器送入中间油罐或是变压器中	—
4	吸附过滤法	比压力式法多一个吸附器，一般用 ϕ3～ϕ5mm 硅胶作吸附剂，可以吸附绝缘油中的酸性过氧化物、树脂及纤维杂质等。污染严重时还应加真空滤油	绝缘油应加热到 40～60℃，且硅胶饱和后应调换经加热 400℃干燥处理后的硅胶或更新硅胶
5	白土过滤法	白土颗粒的表面孔对于有机低分子悬浮酸、树脂及胶状悬浮碳粒均具有一定的吸附力。白土要在 100～110℃下预热 1～3h 增加其活性，但温度过高会使其趁热逸散于空气中。 白土最好分两次添加于绝缘油中，间隔期间油温保持在 60℃左右	白土用量根据绝缘油的外观和酸值决定
6	LMC-33 分子筛微球过滤法	分子筛微球催化剂具有强烈的吸附作用，其过程：被处理绝缘油加热至 50～60℃，按约 1%油重的催化剂加入油中，持续搅拌 1h，静置 4h 油渣沉淀后将绝缘油抽出，然后再经过压力式滤油机过滤和真空喷雾罐脱水、脱气	—

由于分子结构存在明显的差异，植物绝缘油主要成分是甘油三酸酯，甘油三酸酯中含有羟基和羰基等亲水基团，而矿物绝缘油分子烃为憎水基团，而且天然酯绝缘油中的氢键对水分子的束缚作用远大于矿物绝缘油，所以植物绝缘油饱和含水量及吸湿性远远大于矿物绝缘油，一些常规的矿物绝缘油处理工艺在一定程度上不适用于植物绝缘油。

此外，植物绝缘油常温下运动黏度比较大，净化处理周期长，且在空气湿度较大的情况下，如不采用封闭系统，则很难将水分含量处理至标准要求的范围内。提高净化处理的温度可以降低植物绝缘油的黏度，但是同样提高了植物绝缘油的饱和含水量和吸湿特性。此外，植物绝缘油抗氧化性差，温度过高可能会导致其氧化，不利于植物绝缘油的净化处理。因此，若想达到良好的净化处理效果，就该采取高温真空过滤处理的方式。目前，电力行业普遍采用真空过滤法对植物绝缘油进行净化处理，不受气候和地理条件的限制，可以有效降低绝缘油中的水分、气体及固体杂质等，使其性能满足相关标准的要求。

一、真空过滤法

真空过滤法是指植物绝缘油在高真空和适当的温度下雾化或形成薄膜，以除去绝缘油中的气体、水分及可挥发性酸等物质，它适用于植物绝缘油的深度脱水与脱气处理。此外真空过滤中也带有一定的过滤装置，所以也能够有效去除绝缘油含有的固体杂质。

真空过滤工作原理：经过初级过滤的植物绝缘油加热至60～80℃后输送至真空罐中，通过雾化器将植物绝缘油变为极小的雾滴后，绝缘油中的水分、气体及挥发性物质在高真空状态下因蒸发而被负压抽离，油滴下落并汇集在真空罐底部，经底部输油泵排出。

真空过滤的净化处理方式适用范围广，不仅能满足一般电气设备的净化需要，而且对高电压、大容量电气设备用绝缘油的净化处理效果尤其显著，对于脱除绝缘油中气体（可燃气体）也同样具有明显的效果。

此外，真空过滤法同样适用于植物绝缘油炼制工艺中的脱水处理，典型的真空过滤流程如图 3-6 所示。现有的真空滤油机主要有初级过滤器（粗过滤器）、进油泵、绝缘油加热器、真空泵、真空系统、出油泵及二级过滤器（精滤）等组成，其中真空罐包括罐体、雾化器（喷淋），进出油管及填充物等。

从表 10-2 中可以看出，植物绝缘油中水分的汽化和气体的脱除效果取决于真空度和绝缘油的温度，真空度越高，水分的汽化温度越低，脱水效果就越好。

表 10-2　　水的沸点与真空度的关系

真空度（kPa）	0	−16.8	−31.2	−53.9	−70.0	−81.2	−88.8	−96.8	−99.9
温度（℃）	100	95	90	80	70	60	50	30	10

真空脱水成本相对较高，但是它不但能够有效去除植物绝缘油中的游离水和乳化水，还能够有效去除其他方法不能去除的溶解水，脱水效果显著，对除去油中溶解气体也具有明显的效果。

真空过滤时应注意以下事项：

（1）植物绝缘油中水分和气体的脱除，主要取决于真空设备的真空度和绝缘油的黏度。真空度越高，水分的汽化温度越低，脱水效果越好；绝缘油在加热状态下净化时，其黏度就会降低，从而提高设备的处理能力。真空加热情况下去除植物绝缘油中的溶解水效果好，但是植物绝缘油中的水分随着温度的升高，溶解度也会随之增加，所以真空滤油时应采取合适的温度，一般控制在 60～80℃。

（2）当植物绝缘油含水量过高时，真空过滤初期大量的水分蒸发会造成整个系统真空度偏低，此时植物绝缘油处于加热状态，脱水过程中很容易造成植物绝缘油氧化，导致电气性能劣化。此外，水分的大量蒸发会造成真空系统中真空泵组负荷过高，严重影响其使用寿命。所以，真空过滤适用于低含水量植物绝缘油的净化处理。若需处理高含水量的植物绝缘油，则需要与其他净化工艺（如聚结过滤）配合使用来提高绝缘油的净化效果。

（3）植物绝缘油在真空过滤过程中，可能会导致油中添加剂的部分损失，故在净化过程中应根据需要来判断是否对绝缘油补充添加剂。

（4）在真空过滤过程中，应定期测定过滤进出口绝缘油的水分、色谱及击穿电压等，以监督真空过滤的净化处理效果。

二、聚结过滤法

聚结过滤法，即利用聚结材料的亲水性使细小的水滴在其表面聚结形成较大的水滴，在重力和绝缘油流动的冲击作用下，粒径增大的水滴脱离聚结材料表面而下沉。经过聚结处理后的绝缘油，其添加剂含量和原始性质基本不会发生变化。

同真空过滤法一样，该净化处理方法中也带有一定的过滤装置，能够有效去除绝缘油含有的固体杂质。

聚结过滤过程包括三个阶段：预过滤、聚结和分离。

（1）预过滤阶段。正常情况下，聚结过滤的精度相对较高，为了延长聚结过滤滤芯的寿命和除去绝缘油中的固体杂质，一般都需要经历预过滤阶段，即采用纳污容量较大的滤材去除固体杂质颗粒以优化聚结的效果，进而延长聚结滤芯的寿命。

（2）聚结阶段。植物绝缘油经过预过滤阶段去除固体杂质后，由内向外流过聚结滤芯时，绝缘油在经过特殊设计的聚结层时，流速大大降低，绝缘油中微小的水滴黏附在聚结滤芯的纤维介质上，液流推动小水滴聚在纤维的交叉点聚结形成更大的水滴。

（3）分离阶段。聚结后形成的大水滴随着绝缘油流向用憎水材料做的筛网，绝缘油可以穿过筛网，而大水滴被筛网阻挡并通过重力的作用沉降到聚结器的底部，进而实现油水的分离。

不同的液体具有不同的表面张力，液体流经小孔时，表面张力越小，其通过的速率就越快。当绝缘油流入过滤器后，首先进入聚结滤芯，聚结滤芯具有多层过滤介质，其孔径逐层递增。由于表面张力的差异，绝缘油快速通过滤层，而水却缓慢得多；又由于聚结滤芯采用亲水性材料，微小的水滴更是吸附在滤层表面进而造成水滴的聚结。受能动的作用，小液滴竞相通过开孔，逐渐汇成大的液滴，并在重力作用下沉降而与绝缘油分离。通过聚结滤芯后的绝缘油仍有尺寸较小的水珠在惯性的作用下向前至分离滤芯处。分离滤芯由特殊的疏水材料制成，在绝缘油通过分离滤芯时，水珠被挡在滤芯的外面，而绝缘油则通过分离滤芯，并从出口排出，原理如图 10-1 所示。

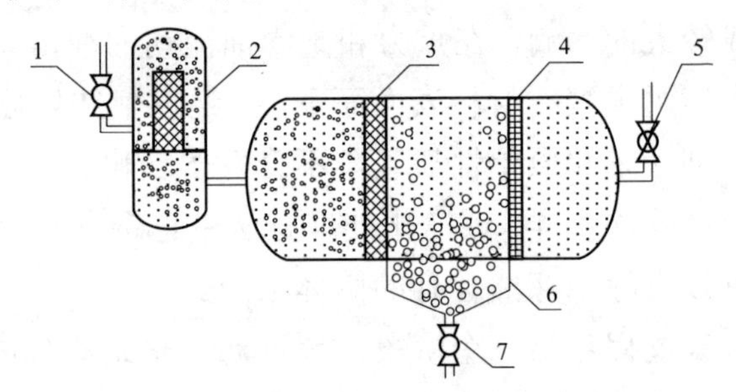

图 10-1　聚结过滤原理

1—进口阀；2—过滤器；3—聚结滤芯；4—分离滤芯；
5—出口阀；6—集水槽；7—排水阀

该方法集精密过滤和高效脱水于一体，适用于大流量连续处理，处理能力强，脱水效率高，在绝缘油水分含量高时效果尤为显著，可破除油中的油水乳化结构，且不会改变油的理化性质，同样在矿物绝缘油的脱水处理中得到了良好的工程应用。

植物绝缘油的主要成分是甘油三酸酯，其分子中含有羟基和羰基等亲水基团，使得其具有比矿物绝缘油更强的亲水性。在室温下，植物绝缘油的饱和含水量约为矿物绝缘油的 20 倍左右，而且其运动黏度和密度相对较大，进一步加大了油中水分及杂质颗粒的分离难度，所以聚结过滤只适用于高含水量植物绝缘油的净化处理，且不能有效地去除植物绝缘油中的气体及挥发性物质，净化处理结果并不能满足相关要求，通常情况下还需要与其他净化处理方法联合使用。

三、聚结-真空联合过滤法

聚结-真空联合过滤法是一种有效的植物绝缘油净化处理方法。该方法先使植物绝缘油进行聚结脱水除去大部分的水分，然后再通过真空脱水除去其中的微量水分，含水量可以达到 50mg/kg 以下，完全满足植物绝缘油的技术需求，典型流程如图 10-2 所示。

为了进一步提高净化处理效果，可在聚结-真空联合过滤法中引入超声波破乳脱水。超声波破乳脱水主要是利用超声波的机械振动和热作用：

1. 机械振动

机械振动作用可使绝缘油的水滴产生位移效应，能量辐射到绝缘油中，水滴不断向超声波波节或波腹移动，碰撞聚结，生成粒径较大的水滴，然后在大水滴的重力作用下沉降，与绝缘油分离。

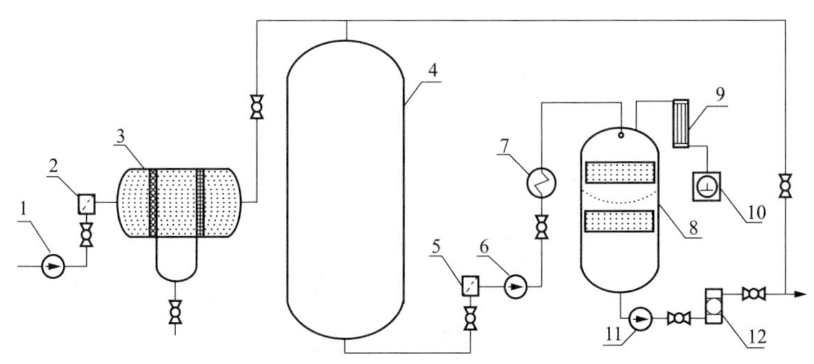

图 10-2　聚结-真空联合净化处理工艺典型流程

1—聚结输油泵；2—预过滤器；3—聚结脱水器；4—中间罐；5—粗滤器；6—中间泵；7—加热器；8—真空脱水罐；9—冷凝器；10—真空系统；11—真空输油泵；12—精滤器

2. 热作用

热作用可以降低绝缘油的黏度和油水界面膜的强度，从而提高水滴相互碰撞的机会。

由于超声波在油和水中均有良好的传导性，故这种方法适应于各种类型的乳状液，位移效应是超声波破乳脱水的主要机理。超声波可以有效增强脱水时的破乳能力，大大提高脱水效率。缩短脱水时间的同时可以适当降低流速，能够有效避免植物绝缘油因流速过快而产生油流带电等问题。

此外，净化处理后的植物绝缘油在补充添加剂时，如采用机械搅拌和超声波振荡相结合的方式，可以有效地提高添加剂在天然酯绝缘油中的分散程度，避免因单一的机械搅拌而造成的添加剂分散不均的问题。

第二节　再 生 处 理

因受绝缘油中的溶解氧、温度、电场、电弧、水分、杂质和金属催化剂等多种因素影响，植物绝缘油在使用过程中逐渐氧化变质，生成大量过氧化物及醇、醛、酮、酸等氧化产物，使得其理化及电气性能劣化，经过净化处理仍然满足不了相关标准要求时，就需要对植物绝缘油进行再生处理。

再生处理是一个将物理和化学方法相结合，从植物绝缘油中除去可溶性及不可溶性污染物的过程，尽可能地使绝缘油的各项性能恢复到原有的水平，并满足相关标准的要求。

需要注意的是，再生处理前需要对植物绝缘油做净化处理，特别是含有较多水分和颗粒杂质的植物绝缘油，应先对其除水、脱杂后再进行再生处理。再生后的植物绝缘油也应该经过精密过滤后才能使用。再生处理过程中可能会导致植物绝缘油中添加剂的部分损失，应根据实测性能再确定是否补加。

一、再生方法的分类及选择

植物绝缘油再生方法较多，大致可以分为以下三类：

（1）物理净化法。该方法严格上讲不属于再生处理的范畴，主要是作为再生前的预处理，包括沉降、过滤、离心分离等。

（2）物理-化学法。主要包括吸附、凝聚等单元操作。

（3）化学再生法。主要包括碱炼处理、白土-碱炼处理等。

选择植物绝缘油再生方法时，应根据绝缘油的劣化情况、含杂质情况及再生后绝缘油的质量要求等，选用既能保证再生绝缘油的质量又经济合理的工艺流程和设备来进行再生，以提高再生处理的经济效益。例如：

（1）绝缘油氧化及污染不太严重，仅有酸值小幅上涨和极少的沉淀物时，可以通过过滤和吸附等处理工艺进行再生；

（2）绝缘油氧化程度比较严重，酸值较高，颜色较深，杂质较多时，可以采用化学再生法。

二、吸附再生法

吸附是吸附剂表面的分子或原子相互作用的一种现象，可以分为物理吸附、化学吸附和离子吸附，植物绝缘油吸附再生处理是典型的物理吸附。当吸附剂与植物绝缘油充分接触时，吸附剂具有较大的活性表面积，对绝缘油中的酸性组分、水分、树脂、沥青质及氧化产物等具有较强的吸附能力，通过吸附的方式就能达到净化再生的目的。常用的吸附剂及其性能见表 10-3。

表 10-3　　常用的吸附剂及其性能

名称	硅胶	分子筛（沸石）	硅藻土（活性白土）	活性氧化铝
化学成分	$mSiO_2 \cdot xH_2O$ 变色硅胶浸有 $COCl_2$	$M_{2/n}O \cdot Al_2O_3 \cdot xSiO_2 \cdot yH_2O$（M 一般为 K、Na、Ca；$n$ 为金属的价数）	主要成分是 SiO_2，另含少量 Al，Fe、Mg 等金属氧化物	$mAl_2O_3 \cdot xH_2O$
形状	干燥时呈乳白色无定形块状或球形颗粒	条形或球形颗粒	无定形或结晶状白色粉末或粒状	块状、球状或粉末形的结晶

续表

名称	硅胶	分子筛（沸石）	硅藻土（活性白土）	活性氧化铝
孔径（nm）	8～10	0.3～1.0	50～80	2.5～5.5
比表面积（m^2/g）	300～400	300～400	100～400	180～370
活化温度（℃）	450～600，变色硅胶为120	450～500	450～600	300
最佳工作温度（℃）	30～50	25～150	100～150	50～70
能吸附的组分	水分、气体及有机酸等氧化产物	水、气体、不饱和烃及有机酸等氧化产物	水分、不饱和烃、树脂及沥青质、有机酸等，可用于油处理	有机酸及其他氧化产物，可用于油处理

吸附剂的吸附作用是具有选择性的，吸附再生温度也会因不同植物绝缘油油种和使用不同吸附剂而异。提高再生温度可以增强吸附剂的活性，有利于提高绝缘油再生效果。但是，提高温度也加快了植物绝缘油的氧化速度，因此在氮气或是真空保护下是有利的。

吸附再生时，若植物绝缘油温度很低时，其运动黏度较大，所以在吸附再生前必须进行加热处理以降低绝缘油的运动黏度，这样油中的杂质很容易被吸附剂吸附，且效果明显。

通常情况下，吸附再生分为接触再生和渗滤再生。

1. 接触再生

采用粉末状或是微球状吸附剂与植物绝缘油在搅拌条件下使其充分混合，并在特定的温度下保持一定的时间，从而达到预期的再生效果。接触再生的效果与温度、搅拌接触时间及吸附剂的性能和用量等因素有关，应根据绝缘油的劣化程度，通过实验室小型试验来确定处理时的最佳工艺。

另外，还应注意在再生处理过程中，温度过高会引起植物绝缘油进一步劣化，所以最好是在真空或是氮气保护的情况下进行。由于温度过高或加入的吸附剂可能会导致绝缘油中的添加剂发生部分或是全部损失，应根据实际情况进行定量补充。

接触再生只适合再生从电气设备上换下来的油。

2. 渗滤再生

渗滤再生使用的吸附剂是颗粒状的。将吸附剂装在柱形过滤器内，强迫绝缘油连续地通过渗滤器与吸附剂接触并反复循环，以获得较好的再生效果。在渗滤再生过程中，绝缘油流动的动力可以依靠位差自流（又称重力渗滤），也可以通过泵送强迫绝缘油流动（又称压力渗滤）。

渗滤再生既适合再生换下来的绝缘油，也适合再生运行中的油。对于处理运行中的绝缘油，可以在设备不停电的情况下，带电过滤吸附处理，这对轻度劣化绝缘油效果明显。

本方法适用于油质老化程度不太严重且含水量不大的情况。如果油质还好，只是水分或是机械杂质引起的电气性能下降，则可以直接进行过滤机循环过滤就行。

同吸附再生一样，由于植物绝缘油自身特性，渗滤再生最好是在真空或是氮气保护的情况下进行，且需对绝缘油的添加剂根据实际情况进行定量补充。

三、白土-碱炼联合再生

当植物绝缘油氧化程度比较严重，酸值较高，颜色明显变深，杂质含量较大时，采用吸附再生满足不了相关标准或是使用要求时，就需要采用化学再生法。

白土-碱炼联合再生是一种典型的化学再生方法，其工艺流程包括过滤、白土吸附处理、碱炼处理和精密过滤等。活性白土具有较大的活性表面积，能够吸附植物绝缘油劣化产生的酸性组分、色素、氧化产物及固体杂质等，不仅降低了绝缘油的色度，还能有效改善劣化绝缘油的理化、电气性能。通常情况下，白土吸附处理宜在真空条件下进行，操作温度一般保持在 100～120℃。

碱炼就是本书第三章提到的“碱炼脱酸”。碱炼不但可以进一步降低经白土吸附处理后植物绝缘油的酸值，其生成的皂脚也是一种表面活性物质，吸附能力较强，同样也可以吸附相当数量的杂质，如残留的色素、带有羟基或酚基的氧化物质、固体杂质等，并形成絮状皂脚团将杂质从绝缘油中去除。

常用于碱炼工艺中的碱为氢氧化钠（烧碱、火碱），其加碱量（m）包括理论碱量（m_1）和超量碱（m_2）两部分。根据绝缘油的实测酸值（AV），m_1 按下式计算

$$m_1 = M_0 \times AV \times \frac{40}{56.1} \times 10^{-3} \qquad (10\text{-}1)$$

式中 m_1——理论碱量，g；

M_0——碱炼前植物油的质量，g；

AV——碱炼前植物油的酸值，mg/g；

40——NaOH 的摩尔质量，g/mol；

56.1——KOH 的摩尔质量，g/mol。

碱炼操作中，为阻止逆向反应弥补理论碱量在分解和凝聚其他杂质、皂化中性油以及被皂膜包围所形成的碱消耗，碱炼时就需要使用一定量的超量碱（m_2），其用量在碱炼处理前根据小样试验确定。

碱炼后且分离过皂脚的植物绝缘油，由于碱炼条件的影响或分离效率的限制，其中不可避免会残留部分皂和游离碱，必须通过水洗来降低残留量。水洗操作温度一般为 80～90℃，添加水量为油量的 10%～20%。应采用高纯水对其进行多次水洗，直到水洗废水 pH 达到 7～8 之间，这样既有利于最大限度的除去油中残留的皂脚，也不会由于碱液的存在而使得酸值的检测受到干扰，更能准确地反映出再生效果。

水洗后的植物绝缘油含水量较大，且不可避免会含有微量的杂质，可以通过脱水及精密过滤进一步提升其理化、电气性能，使各项性能恢复到原有的水平，满足相关标准和使用的要求，再生效果明显。

第十一章

传统矿物绝缘油变压器直接更换植物绝缘油

由于组成成分不同，植物绝缘油运动黏度大于矿物绝缘油，会对变压器绕组的散热产生一定影响，理论上需要对绕组的油道进行适当放大，增加散热面积，以满足油面温升的要求。但是植物绝缘油具有较高的热传导率，有利于热量的传递，能在一定程度上弥补运动黏度大造成的缺陷。此外，随着温度升高，植物绝缘油的运动黏度下降速率远大于矿物绝缘油，当绝缘油温度达到电力设备的正常运行温度时，植物绝缘油与矿物油绝缘的运动黏度差异大大减小。

2001～2007 年，美国 Alliant Energy 公司陆续将 14 台运行不同时间的矿物绝缘油变压器中绝缘液体介质更换为 FR3 植物绝缘油。C.P.MCSHANE 等人将使用多年的矿物绝缘油变压器重新注入植物绝缘油，实验结果显示，接近年限的矿物绝缘油变压器更换植物绝缘油以延长使用寿命和增加负荷是一种可行的办法。可见，将传统矿物绝缘油密封配电变压器中的绝缘介质直接更换为植物绝缘油在一定程度上是可行的。

第一节　基于泊肃叶定律的油纸绝缘浸渍理论

绝缘纸是变压器的主要绝缘材料，其绝缘强度对变压器的性能、可靠性及使用寿命影响很大。绝缘纸内部含有很多细小气隙和毛细管，在电场作用下，由于空气与绝缘纸的介电常数相差较大，使得电场分布不均，并在绝缘纸的气隙处形成较高场强，而当气隙的电场强度高于空气击穿场强时，绝缘纸内部会产生局部放电，造成绝缘老化速度加快并威胁设备运行安全。为了提高绝缘纸的绝缘性能，工业上采用绝缘油对绝缘纸进行浸渍处理。浸渍后的绝缘纸由于气隙和毛细管被绝缘油填充，其导热能力增强，耐潮性增加，绝缘强度大大提高；同时降低了绝缘纸中的含氧量，延长其寿命，增强了机械强度。因此，绝缘油纸浸渍特性的研究对高压电气设备的运行安全具有重要意义。

早在1984年，日本学者Suzuki就对矿物绝缘油浸渍变压器纸板进行了探索性研究，研究发现，绝缘纸的浸渍速度与绝缘纸密度、浸渍温度和绝缘油的黏度相关。在相同条件下，绝缘油的黏度越高，绝缘纸浸渍时间越长。植物绝缘油虽然具备了比矿物绝缘油更好的电气性能，但其较高的黏度成为限制其在高压电力变压器中应用的主要原因之一。植物绝缘油较高的黏度会使得植物绝缘油浸渍变压器绝缘材料需要一个更长的时间，进而导致植物绝缘变压器的生产周期变长和制造成本加大。因此，需要参照矿物绝缘油纸绝缘的浸渍过程，对比研究植物绝缘油纸绝缘的浸渍特性，确保植物绝缘油纸绝缘的浸渍效果。

绝缘纸的浸渍过程主要由毛细管半径值、绝缘纸外部压力和内部压力以及绝缘油的动力黏度决定的。可利用泊肃叶定律对油纸绝缘浸渍过程进行定量分析，泊肃叶定律表达式如下

$$\frac{\mathrm{d}V}{\mathrm{d}t}=\frac{\pi}{8\eta}\cdot\frac{r^4}{L}(P_\mathrm{E}+P_\mathrm{S}-P_\mathrm{I}) \tag{11-1}$$

式中　V——毛细管内油的体积，m^3；

　　　r——毛细管的平均半径，m；

P_E ——绝缘纸的外部压力，Pa；

P_S ——毛细管的引力，Pa；

L ——绝缘纸浸渍长度，m；

η ——绝缘油的动力黏度，Pa • s；

P_I——绝缘纸的内部压力，Pa。

由于毛细管内油的体积 $V=\pi r^2 L$，式（11-1）通过积分可得到式（11-2）

$$L=\frac{1}{2}r \cdot \sqrt{\frac{P_E+P_S-P_I}{\eta}} \cdot \sqrt{t} \tag{11-2}$$

从式（11-2）可以看出，绝缘纸浸渍长度与绝缘油动力黏度是一个非线性关系。当压力一定时，绝缘纸浸渍长度与绝缘油动力黏度的平方根成反比。

一、绝缘油的动力黏度

绝缘油的动力黏度是描述其流动时内部阻力的物理量。在绝缘纸浸渍过程中，绝缘油动力黏度越低，其在绝缘纸毛细管内流动的阻力就越小，浸渍速度也越快。因此，在绝缘纸浸渍过程中，应使绝缘油保持较低的动力黏度。另外动力黏度和运动黏度都可以用来表示绝缘油的黏度，两者换算关系如下

$$\eta=\frac{\nu\rho}{1000} \tag{11-3}$$

式中　η——动力黏度，Pa • s；

ν ——运动黏度，mm²/s；

ρ ——绝缘油的密度，g/cm³。

根据式（11-3）可计算出不同温度下植物绝缘油和矿物绝缘油的动力黏度，见表 11-1。可以看出：相同温度下的植物绝缘油的动力黏度高于矿物绝缘油，且两种绝缘油的动力黏度随温度的升高呈指数下降趋势。因此针对植物绝缘油动力黏度高的缺陷，可以通过提高植物绝缘油的温度使其动力黏度下降而达到提高浸

渍速度的目的。

表 11-1　不同温度下植物绝缘油和矿物绝缘油的动力黏度

绝缘油类型	动力黏度 η（Pa·s）				
	20℃	40℃	60℃	80℃	100℃
植物绝缘油	7.50×10^{-2}	3.91×10^{-2}	1.76×10^{-2}	1.00×10^{-2}	5.91×10^{-3}
矿物绝缘油	2.00×10^{-2}	1.16×10^{-2}	6.27×10^{-3}	3.58×10^{-3}	2.24×10^{-3}

二、毛细管引力

当绝缘油与绝缘纸的界面张力比绝缘油内部分子的吸引力大时，毛细管里的绝缘油表面会形成向下凹的曲面，同时由于绝缘油表面张力具有尽可能缩小其表面积的作用，使其表面产生向上的引力 P_S，如图 11-1 所示。

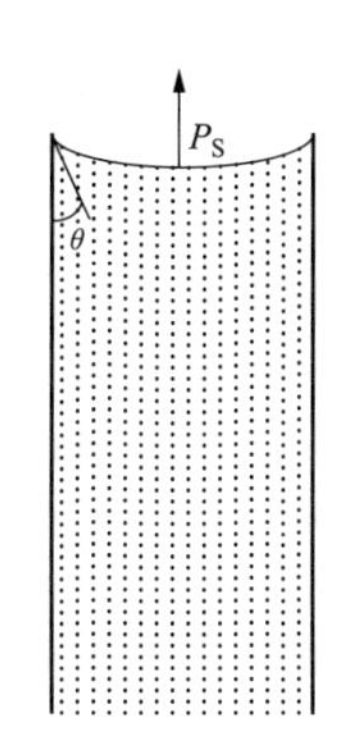

图 11-1　毛细管引力示意图

毛细管引力可用如下公式计算

$$P_S = \frac{2T\cos\theta}{r} \tag{11-4}$$

式中　T——绝缘油的表面张力，mN/m；

r——毛细管的平均半径，m；

θ——油和纸间的接触角，(°)。

从式（11-2）可以看出，毛细管引力 P_S 和外部压力 P_E 是加快绝缘纸浸渍速度的因素。而且当毛细管的平均半径 r 较小而绝缘油的表面张力 T 较大时，毛细管引力 P_S 可能相当大。在油纸绝缘浸渍过程中，如果外部压力和绝缘纸内部压力相同，由绝缘油表面张力产生的毛细管引力会起到主要作用，结合式（11-2）、式（11-4）可得

$$L=\sqrt{\frac{rT\cos\theta}{2\eta}}\sqrt{t}=\lambda\sqrt{t} \tag{11-5}$$

$$\lambda=\sqrt{\frac{rT\cos\theta}{2\eta}} \tag{11-6}$$

式（11-5）、式（11-6）表明，当绝缘纸内部和外部没有压力差，其浸渍仅仅决定于毛细管引力作用时，绝缘纸浸渍长度与浸渍时间的平方根呈线性关系，其斜率 λ 主要由绝缘油的表面张力、动力黏度和油纸间接触角等绝缘油性质所决定。

三、绝缘纸内部压力

为了提高油纸绝缘的浸渍速度，通常在维持浸渍外部压力恒定的状态下，尽量减少绝缘纸的内部压力。虽然在浸渍前已经对绝缘纸进行真空干燥处理，但其内部仍然残留少量气体，使得绝缘纸内部存在很小的气压。浸渍过程中，由于绝缘纸内部结构是一个封闭空间，绝缘纸内部压力会随着浸渍长度的增加而升高，导致油纸绝缘的浸渍是一个动态过程，如图 11-2 所示。

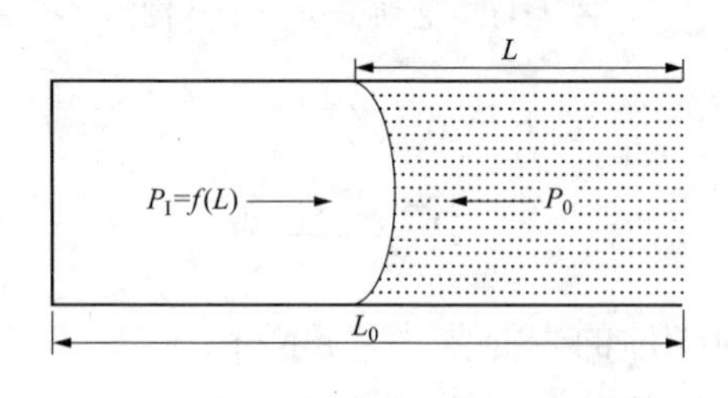

图 11-2　浸渍压力作用示意图

综上所述，绝缘纸的内部压力与浸渍长度的关系可以表示为

$$P_{\mathrm{I}} = P_{\mathrm{A}} \frac{L_0}{L_0 - L} \tag{11-7}$$

式中　P_{I}——绝缘纸的内部压力，Pa；

P_{A}——绝缘纸浸渍前内部压力，Pa；

L_0——毛细管总长度，m；

L——毛细管浸渍长度，m。

把式（11-7）代入式（11-1）中，整理后得到

$$\frac{\mathrm{d}L}{\mathrm{d}t} = \frac{r^2}{8\eta L}\left(P_0 - P_{\mathrm{A}}\frac{L_0}{L_0 - L}\right) \tag{11-8}$$

对式（11-8）进行积分可得

$$t = \frac{8\eta}{r^2 P_0}\left[\frac{L^2}{2} - \frac{P_{\mathrm{A}}}{P_0}L_0 L - \frac{P_{\mathrm{A}}}{P_0}L_0^2\left(1 - \frac{P_{\mathrm{A}}}{P_0}\right)\ln\left|\frac{L/L_0 - (1 - P_{\mathrm{A}}/P_0)}{1 - P_{\mathrm{A}}/P_0}\right|\right] \tag{11-9}$$

式（11-9）表明，考虑了绝缘纸内部压力后，油纸绝缘浸渍是很复杂的动态过程。而且绝缘纸预处理时采用的真空压力越低，毛细管浸渍距离越短，油纸绝缘的浸渍速度就越快。

第二节　单层纸板浸渍特性

为研究植物绝缘油对单层绝缘纸板的浸渍特性，求取油纸绝缘浸渍过程中毛细管引力值，可以采用如图 11-3 的单层绝缘纸板浸渍试验模型。将 2mm 厚的绝缘纸板裁剪成 150mm×35mm×2mm 单层绝缘纸带样品，并将其两个侧面涂上硅胶，使得绝缘油只能从样品的底部向顶部浸渍。90℃下干燥 72h 后将绝缘纸板样品垂直放在脱水、脱气的绝缘油上，并保持样品底部浸没在绝缘油中。由于该模型中绝缘纸板无法进行抽真空处理，其内部压力与外部压力基本相同，浸渍仅仅取决于毛细管引力作用，所以可用式（11-5）描述其浸渍过程。

绝缘油表面张力是随温度变化的，温度变化会对绝缘油表面

张力产生的毛细管引力造成影响。为研究温度对毛细管引力的影响，将上述试验模型置于 20、40℃和 60℃恒温箱中，定期取出样品将其从中间锯断，在断面记录颜色变暗黑部分的长度（即为绝缘纸板的浸渍长度）。为减少测量误差，每次取 3 个样品分别测量其浸渍长度，并取平均值作为样品在该时刻的浸渍长度。

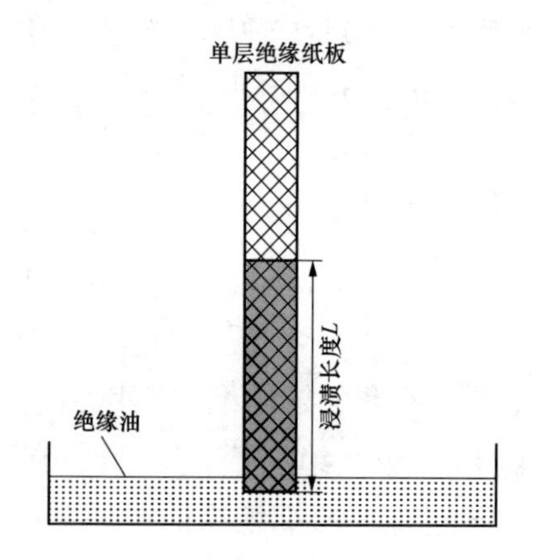

图 11-3 单层绝缘纸板浸渍试验模型

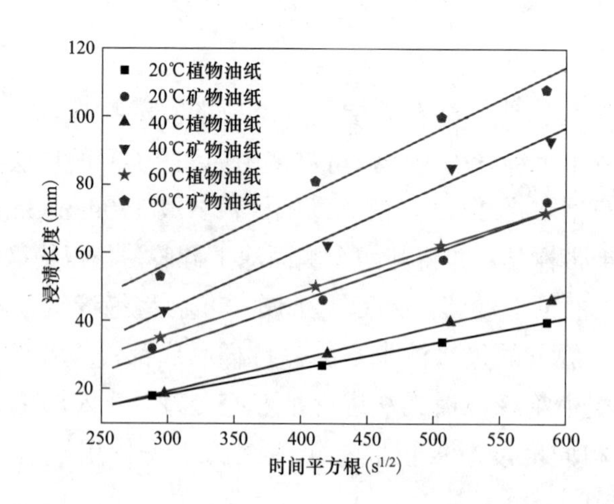

图 11-4 单层绝缘纸板浸渍长度与浸渍时间平方根的关系曲线

单层绝缘纸板浸渍长度与浸渍时间平方根的关系如图 11-4 所示。两种油纸绝缘的浸渍速度随着温度的升高而变快。相同温度下植物油纸绝缘的浸渍速度明显低于矿物油纸绝缘，60℃植物油纸绝缘与 20℃矿物油纸绝缘的浸渍速度基本相同。并且两种油纸绝缘的浸渍长度与浸渍时间的平方根呈线性直线关系，与式（11-5）分析结果相吻合，不同温度下斜率 λ 的计算结果见表 11-2。

表 11-2　　不同温度下的斜率 λ　　$m/s^{1/2}$

绝缘组合	20℃	40℃	60℃
植物油纸绝缘	0.743×10^{-4}	0.954×10^{-4}	1.267×10^{-4}
矿物油纸绝缘	1.407×10^{-4}	1.789×10^{-4}	1.926×10^{-4}

通过对式（11-6）变形，得到毛细管平均半径计算式（11-10），带入表 11-2 中 20℃植物油纸绝缘的 λ 值和表 11-3 中植物绝缘油的表面张力和植物油纸绝缘接触角，可以计算出绝缘纸板的毛细管平均半径为 4.28×10^{-8}m。

$$r=\frac{2\lambda^2\eta}{T\cos\theta} \tag{11-10}$$

表 11-3　　绝缘油表面张力和油纸接触角

绝缘油类型	表面张力（20℃，N/m）	油纸接触角 θ（°）
矿物绝缘油	2.66×10^{-2}	39
植物绝缘油	3.40×10^{-2}	58

结合式（11-4）和式（11-6），毛细管引力可以表达为

$$P_S=\frac{4\lambda^2\eta}{r^2} \tag{11-11}$$

将表 11-1 和表 11-2 的数据代入式（11-11）中，可以计算出不同温度下两种油纸绝缘的毛细管引力，计算结果见表 11-4。

可以看出，两种油纸绝缘的毛细管引力差别不大，其值与标准大气压在同一个数量级上，而且毛细管引力随着温度的升高呈现减小的趋势。

表 11-4　　不同温度下的毛细管引力

绝缘组合	毛细管引力 P_S（Pa）		
	20℃	40℃	60℃
植物油纸绝缘	7.2×10^5	6.2×10^5	4.9×10^5
矿物油纸绝缘	6.8×10^5	6.4×10^5	4.0×10^5

第三节　多层绝缘纸板浸渍试验

多层绝缘纸板的密度和厚度大而且结构复杂，所需的浸渍时间较长，所以对其浸渍特性的研究较为重视。在实际浸渍工艺中，常常采用真空压力浸渍工艺来提高多层绝缘纸板的浸渍速度，为了对多层绝缘纸板的实际浸渍过程进行模拟，多采用如图 11-5 所示的多层绝缘纸板浸渍试验模型。

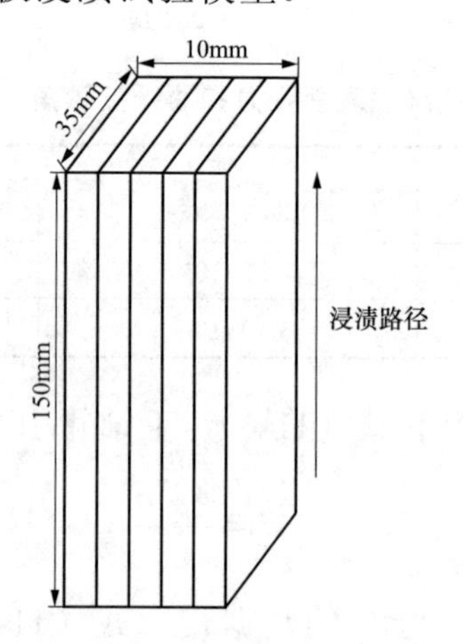

图 11-5　多层绝缘纸板浸渍试验模型

多层绝缘纸板真空压力浸渍处理工艺：

（1）将 2mm 厚的绝缘纸板裁剪并重叠成 150mm×35mm×10mm 多层绝缘纸板样品，并将样品除底部外的其他五个表面涂上硅胶，使得绝缘油只能通过样品的底部向顶部进行浸渍。

（2）在 90℃下将绝缘纸板样品预烘 48h，然后将其置于真空干燥箱中在 90℃和 50Pa 的条件下连续干燥 72h，以除去绝缘纸板中所含的水分和气体，绝缘纸板表面的水分和气体比较容易快速地除去，但是毛细管深处的水分和气体去除比较困难，所以对样品预烘后必须采用真空干燥处理。

（3）样品真空干燥后，在保持真空度不变的情况下，将脱水、脱气的绝缘油注入真空箱中，待样品浸没在绝缘油中后，往真空箱中充入氮气至标准大气压，将真空箱调到所需温度，并定期取出绝缘纸板样品将其从中间锯断，在断面记录颜色变暗黑部分的长度（即为绝缘纸板的浸渍长度）。

油纸绝缘浸渍速度在很大程度上取决于绝缘油的动力黏度，60℃植物绝缘油与 20℃矿物绝缘油动力黏度基本相同。选取 60℃植物油浸多层绝缘纸板和 20℃矿物油浸多层绝缘纸板的浸渍长度实测数据点，并与通过式（11-2）计算得到的理论曲线 I 进行比较，结果如图 11-6 所示。

从理论计算式（11-2）中可以发现，毛细管的平均半径越大，油纸绝缘的浸渍速度就越快。另外，两种油纸绝缘浸渍特性实测数据点基本在理论计算曲线 I 附近，说明基于上述理论计算模型能较准确地对油纸绝缘的浸渍速度进行估计。而且 60℃植物油浸多层绝缘纸板与 20℃矿物油浸多层绝缘纸板的浸渍速度差不多，说明通过适当地提高植物绝缘油浸渍温度，使其动力黏度降低，植物绝缘油也能具有与矿物绝缘油相似的优良浸渍特性。

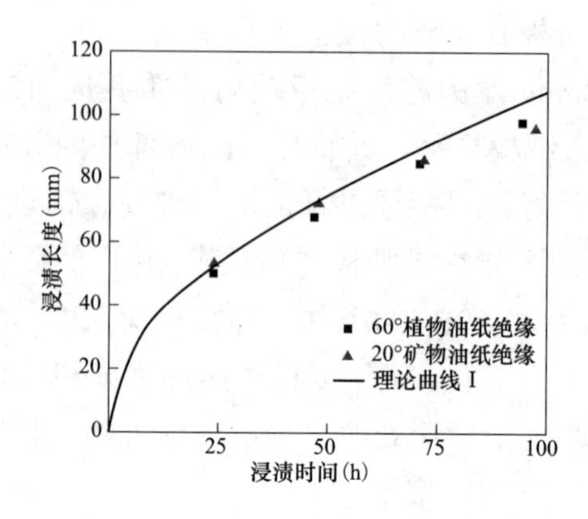

图 11-6　多层绝缘纸板浸渍长度理论计算曲线和实测值

第四节　传统矿物绝缘油变压器更换植物绝缘油

为了对比植物绝缘油与矿物绝缘油变压器的性能差异，选取同一台传统矿物绝缘油配电变压器分别充入植物绝缘油和矿物绝缘油，然后进行各项试验对比，进一步研究传统矿物绝缘油配电变压器绝缘介质直接更换为植物绝缘油的可行性。

试验时先将天然酯绝缘油注满传统 10kV 配电变压器（主要参数见表 11-5），静置 48h 后进行相关试验检测。检测技术后将配电变压器中的植物绝缘油排空，重新注入矿物绝缘油，静置 8h 后对其进行再次检测。

表 11-5　10kV 传统矿物绝缘油配电变压器主要参数

序号	项　目	参数
1	额定容量（kVA）	315
2	额定电压（kV）	（10±2×2.5%）/0.4
3	额定电流（A）	18.2/454.7
4	联接组标号	Dyn11

续表

序号	项　目		参数
5	冷却方式		ONAN
6	相数		3
7	使用条件		户外
8	绝缘水平	高压线端 LI/AC	75/35
9		低压线端 AC	5

一、交流耐压试验

交流耐压试验是用来鉴定变压器绝缘强度最直接的方法，它对于判断变压器能否投入运行具有决定性意义。按考核性质不同，交流耐压可分为外施耐压和感应耐压。外施耐压试验是考核变压器主绝缘强度的主要方法，当变压器绕组或绝缘有破损、受潮等情况时，在外施耐压中就会出现异常（比如放电之类），从而能及时发现缺陷及问题，避免故障的发生。从表 11-6 中可以看出，配电变压器分别注入两种不同的绝缘油且静置一定时间后，在规定的试验条件下均能通过外施耐压试验。

表 11-6　注入不同绝缘油后的配电变压器外施耐压试验结果

加压部位	试验电压（kV）	实验时间（s）	试验结果	
			注入矿物绝缘油	注入植物绝缘油
高压-外壳、低压	35	60	通过	通过
低压-外壳、高压	5	60	通过	通过

感应耐压试验是配电变压器试验中另一个重要项目。外施耐压试验只对绕组的整体绝缘强度进行考核，而纵绝缘并没有承受电压差，所以还需要对配电变压器进行感应耐压试验来检查绕组的匝间、层间、段间和相间绝缘情况。同样，在注入两种不同的绝缘油后，配电变压器均能通过感应耐压试验，具体试验参数及

结果见表 11-7。

表 11-7　注入不同绝缘油后的配电变压器感应耐压试验结果

施加电压（kV）	感应电压（kV）	频率（Hz）	试验时间（s）	试验结果	
L.V.（低压）	H.V.（高压）			注入矿物绝缘油	注入植物绝缘油
0.8	20	150	40	通过	通过

可以看出，传统的配电变压器注入植物绝缘油后，按照矿物绝缘油配电变压器的试验要求及参数进行交流耐压试验，均能满足相关标准要求，绝缘水平良好。可见，直接更换植物绝缘油并不会影响配电变压器的绝缘性能，具有一定的可行性。

二、变压器油试验

变压器油试验是配电变压器是否具备投运条件而进行的绝缘油油质检测，其目的是检测绝缘油是否受到污染，是否符合变压器的投运要求。配电变压器注入矿物绝缘油后，对其进行取样检测，各项指标均能满足标准要求。从表 11-8 可以看出，植物绝缘油注入配电变压器后，水分从 16.5mg/kg 上升至 63.5mg/kg，介质损耗因数也达到了 2%以上，均无法满足 JB/T 501—2006《电力变压器试验导则》中关于绝缘油水分小于或等于 20mg/kg，介质损耗因数小于 1%的要求。

表 11-8　不同绝缘油注入配电变压器前后试验结果

绝缘油种类		击穿电压（kV）	介质损耗因数（90℃，%）	含水量（mg/kg）	酸值（以 KOH 计，mg/g）
矿物绝缘油	注入前	55.6	0.0554	8.5	0.0056
	注入后	54.7	0.0781	11.5	/
植物绝缘油	注入前	78.0	0.560	16.5	0.0170
	注入后	75.5	2.12	63.5	/

植物绝缘油具有较强的吸水性，可以很好地吸收绝缘材料中的水分，这样会导致其水分含量出现一定的上升，但是一定程度上水分的增加对植物绝缘油的绝缘性能没有影响。此外，部分配电变压器绝缘材料与植物绝缘油相容性较差，在植物绝缘油中会有一定的溶解，或会在油中产生一些极性物质，导致其介质损耗因数升高，但是注入配电变压器中的植物绝缘油各项性能指标完全可以满足 IEEE Std C57. 147 和 DL/T 1811 的技术要求，满足变压器的投运条件，不影响变压器的安全稳定运行。

三、声级测量

对注入不同绝缘油的配电变压器进行声级测量，发现两者均能满足标准 JB/T 10088—2016《6kV～1000kV 级电力变压器声级》对于容量下的声级要求，具体数据见表 11-9。配电变压器注入植物绝缘油后，其声级低于传统矿物绝缘油变压器 1.5dB。植物绝缘油运动黏度相对较大，对声波的传送具有一定的抑制作用，使噪声在传播过程中得到衰减，该特性赋予植物绝缘油变压器低噪声特性。具有类似运动黏度大特性的 β 油变压器噪声同样低于矿物绝缘油配电变压器。

表 11-9　　注入不同绝缘油后的配电变压器声级测量结果

运行方式	测量距离（m）	声级［dB（A）］	
		注入矿物绝缘油	注入植物绝缘油
自冷	0.3	54.5	53

四、温升测量

作为衡量配电变压器安全稳定运行的重要试验，温升可以有效验证配电变压器设计结构及冷却系统是否合理，也可以验证配电变压器在规定的条件下，即最大总损耗（变压器运行中产生的空载损耗与负载损耗之和）和绕组额定分接下的温升是否满足标准规定的限值。

表 11-10　注入不同绝缘油后的配电变压器温升计算结果　K

顶层油		矿物绝缘油	植物绝缘油
		45.3	47.1
绕组	高压	59.1	63.7
	低压	63.2	64.1

从表 11-10 温升试验计算结果来看，注入植物绝缘油后的配电变压器顶层油温升比注入矿物绝缘油的偏高 1.8K。植物绝缘油运动黏度大于矿物绝缘油，流动性相对较差，但是较高的热传导率有利于热量的传递，能在一定程度上弥补运动黏度大造成的损失，故两者温升相差不大，均可以满足 GB 1094.2—2013《电力变压器　第 2 部分：液浸式变压器的温升》关于液浸式变压器温升限值的要求。

在温升试验的过程中，除按照国家标准的要求进行相关的试验外，为了更能直观的说明温升过程中变压器各部位温度变化的情况，采用红外热成像仪对整个温升过程进行了记录。

从图 11-7（a）中可以看出，注入植物绝缘油的配电变压器温升试验温度达到平衡后，顶层油温达到 75℃，油箱底部温度为 48℃。而注入矿物绝缘油的配电变压器温度达到平衡后顶层油温达到 73℃，油箱底部达到 47℃左右，见图 11-7（b）。通过对比可以看出，配电变压器注入植物绝缘油时的温升比注入矿物绝缘油时的温升略微高一点，但仍在变压器标准允许的温升范围之内，不会影响变压器安全运行，这与“容量在 1000kVA 及以下的变压器，在结构不变的情况下，温升只比采用矿物绝缘油的变压器升高 1℃左右”的说法是一致的，同时也说明了传统矿物绝缘油配电变压器直接更换为植物绝缘油具有一定的可行性。

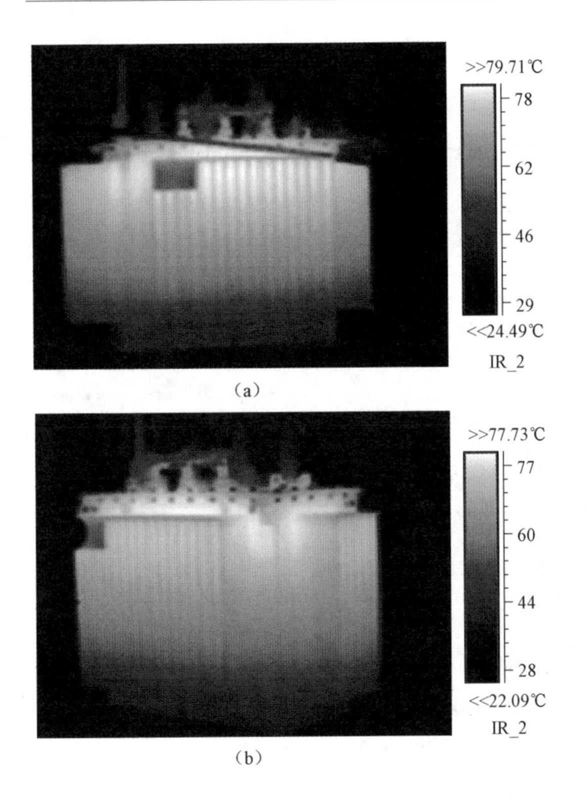

图 11-7 注入不同绝缘油后配电变压器温升平衡时的温度分布

（a）注入植物绝缘油；（b）注入矿物绝缘油

附录一　植物绝缘油的定性检验

植物绝缘油定性检验是根据不同原油具有不同的物理特性和化学特性，通过物理或化学手段进行处理，从而达到区分油品、检验纯度的目的。

不同原油的植物绝缘油互相混合因素很多。客观因素引起的混杂，如植物绝缘油混合存放，运输工具未清理干净及储存容器中有残油或未清理等；人为因素引起的混杂，如低价绝缘油掺入高价绝缘油中以次充好，存放容器没有标记，搬倒或灌注电气设备时造成混杂等。

目前定性检验的方法主要有物理检验、化学检验及仪器分析等，具体可参照 GB/T 5539—2008《粮油检验　油脂定性试验》对植物绝缘油进行定性检验。

一、大豆油检出

大豆油与三氯甲烷（加入硝酸盐），呈现乳浊现象，乳浊液为柠檬黄色，来判定大豆油存在。

具体操作方法如下：量取混匀的植物绝缘油试样 5mL 注入试管中，然后加入 2mL 三氯甲烷和 3mL 硝酸钾溶液（20mg/mL）用力猛摇，使溶液成乳浊状。如乳浊液呈柠檬黄色，则表示植物绝缘油中有大豆油存在。如有花生油、芝麻油和玉米油存在时，乳浊液则呈白色或微黄色。

二、菜籽油检出

菜籽油中芥酸的质量分数为 40%～80%（低芥酸菜籽油中芥酸的质量分数小于 10%），芥酸是 22 个碳链的不饱和一烯酸，熔点为 33～34℃。它是菜籽油中特征脂肪酸，分析芥酸在掺混植物绝缘油的存在与否，就可以证明菜籽油成分存在与否。因此，在诸多分析方法中都是根据芥酸的特性来确定分析方案的。这里主要介绍卤素（碘）加成反应滴定法。

在一定温度下，经过化学处理使芥酸分离出来，加入定量卤素（碘）与之发生加成反应，芥酸含量越高，消耗碘液越多。再用硫代硫酸钠标准溶液对剩余碘液进行反滴定，即可计算出芥酸含量。植物绝缘油中含芥酸的质量分数在 4.0%以上时，表示有菜籽油或是芥籽油成分存在。

具体操作方法如下：称取混匀的植物绝缘油试样 0.500～0.510g，注入 150mL 三角瓶中，加入 50mL 氢氧化钾乙醇溶液（0.25g/m LKOH 溶液 80mL 加体积分数为 95%乙醇溶液稀释至 1000mL），连接冷凝管，置于水浴上加热 1h，对已经皂化的溶液加入 20mL 乙酸铅溶液（50g 乙酸铅加 5mL 体积分数为 90%的乙酸混合，用体积分数为 80%的乙醇稀释至 1000mL）和 1mL 体积分数为 90%的乙酸，然后继续加热至铅盐溶解为止，取下三角瓶，待溶液稍冷后，加入纯水 3mL，摇匀，置于 20℃保温箱中静置 14h，将沉淀转入玻璃过滤坩埚中（3 号），用 20℃的体积分数为 70%的乙醇溶液 12mL 分数次洗涤三角瓶和沉淀。

移坩埚于碘值瓶上，用 20mL 热的乙醇乙酸混合溶液（体积分数为 95%的乙醇与体积分数为 96%的乙酸按体积比 1:1 混合）将沉淀溶入碘值瓶中，再用 10mL 热的乙醇乙酸混合溶液洗涤坩埚。吸取碘乙醇溶液（5.07g 升华碘溶解于 200mL 体积分数为 95%的乙醇溶液中。临时现配用）20mL 注入碘值瓶中，摇匀，立即加水 20mL，再摇匀，在暗处静置 1h，到时间用 0.1mol/L 硫代硫酸钠标准溶液滴定至溶液呈浅黄色时，加入 1mL 淀粉指示剂，摇匀后，继续滴定至蓝色消失为止。同时用乙醇乙酸混合液 30mL 作空白试验。

芥酸的质量分数按式（附 1-1）计算

$$芥酸=\frac{(V_1-V_2)c\times0.169}{m}\times100\% \qquad (附 1-1)$$

式中，V_1——空白试验消耗的硫代硫酸钠溶液体积，mL；

V_2——试样消耗的硫代硫酸钠溶液体积，mL；

c——硫代硫酸钠溶液的浓度，mol/L；

0.169——芥酸的摩尔质量，g/mol；

m——试样质量，g。

双试验结果允许差不超过 0.2%，求其平均值作为测定结果。结果取小数点后两位。

注意事项：

（1）将沉淀从三角瓶移入坩埚，再从坩埚溶洗至碘值瓶中，应仔细认真且移洗彻底。

（2）硫代硫酸钠溶液要进行检定。

（3）碘遇光易挥发，应避光操作。

（4）淀粉指示剂临用前现配。

三、蓖麻油检出

蓖麻油检出一般有两种方法：一是利用蓖麻油在乙醇中溶解性好的特点进行低温试验；二是加碱蒸发嗅闻气味。

具体检测操作方法如下：

（1）试样与体积分数为 95%的乙醇按照 1:5 的体积混合，放入试管中。将试管放入有碎冰的食盐水中，使混合液冷却至–20℃，若是纯蓖麻油，则溶液十分透明。若混有其他油品时（只要质量分数达 2%），当温度在–5℃时，溶液即呈现乳白色，–9℃时就会有沉淀发生。

（2）取少量混匀试样，注入镍蒸发皿中，加入氢氧化钾一小块，慢慢加热使其熔融。如有辛酸气味，表明有蓖麻油存在。或将上述熔融物加水溶解，然后加入过量的氯化镁溶液，使脂肪酸沉淀、过滤，滤液用稀盐酸调成酸性，如有结晶析出，则表明有蓖麻油存在。

四、矿物油检出

矿物油泛指动植物油品之外的石油产品，包括柴油、润滑油及石蜡等，甚至包括那些不皂化的脂溶性物质。植物绝缘油能与氢氧化钾皂化，生成甘油及钾皂，两者均溶于水，呈透明溶液，而矿物油则不能被皂化，也不溶于水，故溶液浑浊。此法对质量分数为 0.5%的矿物油可检出。

具体操作方法如下：取混匀的植物绝缘油试样 1mL 注入锥形瓶中，加 1mL 氢氧化钾溶液和 25mL 无水乙醇，连接空气冷凝管，回流煮沸约 5min，摇动数次，直至皂化完成为止。加 25mL 沸水，摇匀。如有矿物油存在，则出现明显的浑浊或有油状物析出。

需要注意的是，若矿物油具有挥发性时，在皂化时可嗅出气味。

五、棉籽油检出

本方法属于哈尔芬试验，可检出混入质量分数为 0.2%以上的棉籽油。

具体操作方法如下：量取混匀植物绝缘油试样 5mL，加入 0.01g/mL 硫磺粉二硫化碳溶液 5mL，均注入试管中，加 2 滴吡啶（或戊醇），摇匀后，置于饱和食盐水浴中，缓缓加热至盐水开始沸腾后，经过 40min，取出试管观察。如有深红色或橘红色出现，表示有棉籽油存在，颜色越深，表明其含量越多。

注意事项：

（1）二硫化碳极易挥发，使用完毕必须及时加盖拧紧，且属于易燃品。

（2）饱和食盐水：在烧杯中放入 NaCl，加蒸馏水溶解（加热），冷却至室温，有 NaCl 析出。

六、茶籽油检出

具体操作方法如下：量取乙酸酐 0.8mL、二氯乙烷 1.5mL 和浓硫酸 0.2mL，注入试管中，混合后冷却至室温，加 7 滴试样（质量约为 0.22g）于试管中，混匀冷却，如溶液出现浑浊，则滴加乙酸酐，边滴边摇，滴至突然澄清为止。静止 5min 后，量取 10mL 无水乙醚注入显色液中，立即倒转一次使之混合，约在 1min 内，茶籽油将产生棕色，后变深红色，在几分钟之内会慢慢褪色。

如需比色定量时，可在上述方法静置 5min 后将试管置于冰水浴锅中 1min，注入经冰水冷却的无水乙醚 10mL 混合后，仍置于冰水浴中。1～5min，颜色深度可达到最高峰，已知茶籽油含量的试样与被检试样，选用最深的红色进行比色定量。

七、茶籽油纯度试验

量取 1～2mL 植物绝缘油试样注入试管中，加入等量的树脂粉二硫化碳饱和溶液（称取 2～3g 纯净树脂粉溶于 100mL 二硫化碳，猛摇几下使其成为饱和溶液，用滤纸过滤后备用。），充分摇匀，加入浓硫酸 1mL，再猛烈摇荡，若为纯茶籽油，则不呈任何颜色，并且试管下层酸液薄如水。如有其他植物油存在，则出现紫色或红色，但所发生的颜色不久即消失。

八、棕榈油检出

棕榈油的脂肪酸组成中多为饱和脂肪酸。当温度低于 20℃时呈固体状，故可用低温试验进行区分。

具体操作方法如下：取混合试样少许注入试管中，置于冰箱冷藏室 1h 后观察，如有乳白色或乳黄色固体出现，可粗略判定有棕榈油存在。

附录二　植物绝缘油氧化安定性测定方法

氧化安定性是评价绝缘油的重要指标之一。变压器在运行过程中发生故障除自身绝缘问题外，与绝缘油的氧化安定性有着直接关系。绝缘油氧化产生的产物可以降低绝缘油的绝缘性能，并会对变压器的绝缘结构和散热性能造成影响，甚至可以引发事故。

矿物绝缘油为烃类化合物，而植物绝缘油为酯类混合物，两种不同的绝缘油有着不同的分子结构类型，故其氧化安定性也存在着较大差异。目前，评价矿物绝缘油氧化安定性的试验方法主要有加速氧化法和旋转氧弹法。我国矿物绝缘油的氧化安定性测定方法与国际标准对应关系见表 1。

表 1　国内外矿物绝缘油氧化安定性试验方法对应关系

<table>
<tr><th colspan="2">国际标准</th><th>国内对应标准</th></tr>
<tr><td rowspan="3">IEC 61125：1992《未使用烃类绝缘油氧化安定性评价方法》（Unused Hydrocarbon-based Insulating Fluids-Test methods for Evaluating the Oxidation Stability）</td><td>方法 A</td><td>SH/T 0206—1992《变压器油氧化安定性测定法》</td></tr>
<tr><td>方法 B</td><td>GB/T 12580—1990《加抑制剂矿物绝缘油氧化安定性测定法》</td></tr>
<tr><td>方法 C</td><td>NB/SH/T 0811—2010《未使用过的烃类绝缘油氧化安定性测定法》</td></tr>
<tr><td colspan="2">ASTM D2112-01《含抑制剂的矿物绝缘油氧化安定性测定法（旋转氧弹法）》（Standard Test Method for Oxidation Stability of Inhibited Mineral Insulating Oil by Pressure Vessel）</td><td>SH/T 0193—2008《润滑油氧化安定性的测定　旋转氧弹法》</td></tr>
</table>

试验证明，不能完全用矿物绝缘油的氧化安定性评价方法来

考核植物绝缘油的氧化安定性。IEC 62770：2013《电工流体 变压器及类似电气设备用未使用的天然酯》附录 A 中给出了植物绝缘油相应的氧化安定性性价方法："植物绝缘油采用与 IEC 61125：1992《未使用烃类绝缘油氧化安定性评价方法》方法 C 相似的加速老化试验方法进行氧化安定性评价。在待测植物绝缘油中放入固体铜催化剂，向油中通入恒定体积的干燥空气，在 120℃温度下保持 48h，通过测定氧化后油品的挥发性酸值、油溶性酸值、运动黏度增加值及介质损耗因数来评价绝缘油的抗氧化能力"。该方法与 NB/SH/T 0811—2010 相比，除了试验持续时间缩短为 48h 外，试验结果的判断也有一点的差别。对酸值、介质损耗因数和运动黏度的增加量提出了明确要求。

DL/T 1811—2018《电力变压器用天然酯绝缘油选用导则》规范性附录 B 中也对植物绝缘油氧化安定性试验给出了明确性规定：

1 概述

天然酯绝缘油采用 NB/SH/T 0811—2010 相似的加速老化试验方法进行氧化安定性评价。在待测天然酯绝缘油样品中放入固体铜催化剂，向油中通入恒定体积的空气，在 120℃温度下保持 48h，通过测定氧化后油品的挥发性酸值、油溶性酸值、沉淀物含量、黏度和介质损耗因数来评价抗氧化能力。

2 绝缘油样品的准备

用事先干燥（105℃下 1h）的玻璃滤器过滤试样，或用装有 8μm 膜的膜式过滤器除去试样中残留的沉积物、纤维素和过多的水。弃掉前 25mL 滤液。

3　试验条件

经过滤后的试样，在以下条件下进行试验：

a）试样质量：25±0.1g；

b）氧化气体：空气；

c）气体流速：0.15 L/h±0.015L/h；

d）试验温度：120℃±0.5℃；

e）试验时间：48h；

f）催化剂：表面积 28.6cm^2±0.3cm^2 的一定长度的铜线；

g）挥发性酸由含酚酞的水溶液吸收。

4　试验步骤

4.1　试验准备

a）调节加热设备，使氧化管的油样保持在所要求的 120℃±0.5℃（温度计符合 GB/T 514—2005 中 GB-59 要求）。

b）称量 25g±0.1g 试样装入氧化管，放入按要求做好的催化剂铜线圈。插上带磨口塞的通气管，将氧化管放入加热设备，如有必要可使用 O 形橡胶环，对氧化管和绝热层之间进行密封。

c）向吸收管中装入 25mL 蒸馏水。加入几滴酚酞指示剂溶液。插上带磨口塞的通气管，连接好氧化管。

d）调节空气流量，使吸收管出口连接皂泡流量计时，测得流速为 0.15 L/h±0.015L/h。

4.2　氧化

a）保持试样温度 120℃±0.5℃，空气流速 0.15L/h±0.015L/h，进行氧化 48h。

b）每日检查空气流速和温度。

c）如果需要测诱导期，选择合适的时间间隔，通过滴定吸收管中的水溶液来测定挥发性酸。

4.3 氧化油的测定

a）沉淀物的生成。沉淀物收集应严格按以下步骤进行：

1）将装有氧化过的25g试样的氧化管在避光处冷却1h，然后将试样倒入具塞锥形烧瓶中。

2）用300mL正庚烷分次清洗粘在氧化管、铜线圈、进气管上的绝缘油直到无油迹，并将洗涤后的正庚烷混合液回收至装有试样的具塞锥形瓶中。

3）将装在具塞锥形烧瓶中的试样和正庚烷混合液，在20℃±5℃下避光处静置24h，然后用已恒重过的孔径为4μm～10μm的玻璃滤器滤入抽滤瓶。刚开始过滤时，要采用微减压，以防止沉淀物从过滤器中滤出。如果滤液浑浊，应再次过滤。

4）试样和正庚烷混合液抽滤完后，继续用150mL正庚烷抽滤，以彻底洗去具塞锥形烧瓶和玻璃滤器上的绝缘油，然后将带有沉淀物的玻璃滤器在105℃干燥至恒重，得到沉淀物。

5）用少量的氯仿（总量30mL）溶解粘在铜线圈、试验氧化管和通气管上的沉淀物，将溶解液倒入已称重的蒸发皿中，在105℃下干燥，氯仿蒸发后进行恒重，得到沉淀物。

6）将氯仿提取的沉淀物与正庚烷洗涤的沉淀物合并得到总沉淀物。总沉淀物的量按试样原重的百分比标识。

b）油溶性酸值（*SA*）。

1）将抽滤掉沉淀物的试样正庚烷混合液倒入一个500mL容量瓶中，用正庚烷冲洗抽滤瓶，冲洗的正庚烷合并到容量瓶中，并添加至容量瓶500mL标记处，混合均匀。取100mL试样正庚烷混合液测定酸值，进行三次酸值测定。

2）滴定前，滴定液应按以下方法制备：量取100mL滴定溶剂加入 1mL～3mL 碱性蓝 6B，用 0.1mol/L 氢氧化钾醇溶液滴定中和，直到出现与 10%的 Co（NO_3）$_2$ • $6H_2O$ 相同的红色为止，此颜色应至少保持 15s。在中和后的滴定溶剂中加入 100mL 试样正庚烷混合液，摇匀后在不高于 25℃的环境温度下，用 0.1mol/L 氢氧化钾醇溶液进行滴定。

按每克试样消耗氢氧化钾的毫克数，用式（1）计算油溶性酸值（SA）：

$$SA=\frac{M\times 56.1(V_2-V_1)\times 5}{G} \tag{1}$$

式中　M ——氢氧化钾乙醇溶液浓度，mol/L；

V_2 ——滴定试样正庚烷混合液所需要的氢氧化钾乙醇溶液的毫升数，mL；

V_1 ——滴定 100 mL 正庚烷（加入到 100mL 滴定溶剂中）所需的氢氧化钾乙醇溶液的毫升数，mL；

G ——试样的质量，g。

c）挥发性酸值（VA）。挥发性酸是测定在吸收管中收集到的氧化产物的量。按如下方法进行测定：

1）拆下吸收管；

2）加入几滴酚酞指示剂，用 0.1mol/L 氢氧化钾乙醇溶液直接进行滴定。

3）把装有滴定过的水溶液的吸收管重新连接上。

4）以每克绝缘油消耗氢氧化钾的毫克数计算挥发性酸值（VA_i），用式（2）计算：

$$VA_i=\frac{M\times 56.1\times V}{G} \tag{2}$$

式中　M ——氢氧化钾乙醇溶液浓度，mol/L；

V ——滴定中使用的氢氧化钾乙醇溶液的毫升数，mL；

G ——试样的质量，g。

5）总挥发性酸值（VA）是各个挥发性酸值（VA_i）的累加和，用式（3）计算得出：

$$VA=\sum VA_i \tag{3}$$

d）总酸值（TA）。总酸值，按每克绝缘油消耗氢氧化钾的毫克数计，用式（4）由挥发性酸值和油溶性酸值合计得出：

$$TA=SA+VA \tag{4}$$

e）介质损耗因数。氧化后介质损耗因数测试样的准备过程：从氧化设备的油浴中移出氧化管，塞好氧化管，在室温 20℃±5℃下储存 24h，在这期间，氧化油样将自然冷却，不溶物将沉降在氧化管的底部。然后将氧化油样轻轻转移到干净的测试杯中，在转移前不要搅动油样，以确保沉淀物不被搅动起来，以免倒入测试杯中。大约只有 80%的氧化油样被转移到测试杯中，按照 GB/T 5654—2007 的方法在 90℃下测定介质损耗因数。剩下的沉淀物和氧化油不用于介质损耗因数的测定。

f）运动黏度（40℃）。氧化后运动黏度测试样的准备与介质损耗因数准备过程一致。按照 GB/T 265—1988 的方法测定运动黏度。

植物绝缘油氧化安定性试验测量结果应满足 DL/T 1811—2018 中的技术要求。

5 精度

通过对商用植物绝缘油进行 48h 对比试验后得到的精度值见表 2。

5.1 重复性（r）

同一个实验室在 95%的置信水平下给出的重复值。

5.2 再现性（R）

不同的实验室在 95%的置信水平下给出的重复值。

表 2　　各性能的重复性和再现性

性能	重复性 r %	再现性 R %
运动黏度（40℃）	5	7.5
总酸值	13	38
油泥	22	57
介质损耗因数 $\tan\delta$（90℃）	—	47

附录三　电力变压器用天然酯绝缘油选用导则（DL/T 1811—2018）

1　范围

本标准规定了电力变压器用未使用过的天然酯绝缘油的选用要求、现场验收和处理、注入变压器后的性能要求、维护处理、安全和环境要求等。

本标准适用于220kV及以下电压等级电力变压器（电抗器）用天然酯绝缘油的选择、验收和维护。

2　规范性引用文件

下列文件对于本标准的应用是必不可少的。凡是注日期的引用文件，仅注日期的版本适用于本标准。凡是不注日期的引用文件，其最新版本（包括所有的修改单）适用于本标准。

GB/T 261　闪点的测定　宾斯基-马丁闭口杯法

GB/T 264　石油产品酸值测定法

GB/T 265　石油产品运动黏度测定法和动力黏度计算法

GB/T 507　绝缘油　击穿电压测定法

GB/T 1884　原油和液体石油产品密度实验室测定法（密度计法）

GB/T 2900.5　电工术语　绝缘固体、液体和气体

GB/T 2900.95　电工术语　变压器、调压器和电抗器

GB/T 3535　石油产品倾点测定法

GB/T 3536 石油产品闪点和燃点的测定 克利夫兰开口杯法

GB/T 5654 液体绝缘材料 相对电容率、介质损耗因数和直流电阻率的测量

GB/T 7597 电力用油（变压器油、汽轮机油）取样方法

GB/T 7600 运行中变压器油和汽轮机油水分含量测定法（库伦法）

GB/T 25961 电气绝缘油中腐蚀性硫的试验法

DL/T 419 电力用油名词术语

NB/T 42140 绝缘液体 油浸纸和油浸纸板用卡尔费休自动电量滴定法测定水分

NB/SH/T 0811 未使用过的烃类绝缘油氧化安定性测定法

NB/SH/T 0812 矿物绝缘油中2-糠醛及相关组分测定法

SH/T 0803 绝缘油中多氯联苯污染物的测定 毛细管气相色谱法

SH/T 0804 电气绝缘油腐蚀性硫试验 银片试验法

IEC 60666 矿物绝缘油中规定的添加剂的检验和测定（Detection and determination of specified additives in mineral insulating oils）

IEC 62021-3 绝缘液体 酸值的测定 第3部分：非矿物绝缘油试验方法（Insulating liquids-Determination of acidity-part 3: Test methods for non-mineral insulating oils）

IEC 62770 电工用液体 变压器和类似电气设备用未使用过的天然酯（Fluids for electrotechnical applications-Unused natural esters for transformers and similar electrical equipment）

IEEE Std C57.147™：2008 变压器用天然酯验收和维护导则（IEEE Guide for Acceptance and Maintenance of Natural Ester Fluids in Transformers）

OECD 201-203 生态毒性试验导则（OECD 201-203，Test Guidelines for ecotoxicity）

OECD 301 欧洲理事会化学品试验导则（OECD 301，Guideline for testing of chemicals adopted by European Council on July 17th 1992）

US EPA 835.311 美国环保署农药和有毒物质预防办公室（OPPTS）835.311 运输和转化试验导则（US EPA，Office of Prevention，Pesticides and Toxic Substances（OPPTS）835.311.Fate，Transport and Transformation Test Guidelines）

EPA 600/4.82.068 沙门氏菌/微粒体的诱变化验（埃姆斯试验）暂行办法（Interim procedure for conducting the salmonella/microsomal mutagenicity assay（Ames Test））

3 术语和定义

GB/T 2900.5、GB/T 2900.95 和 DL/T 419 界定的术语及下列术语和定义适用于本标准。为了便于使用，以下重复列出了 GB/T 2900.95 中的某些术语和定义。

3.1

天然酯绝缘油 natural ester insulating oil

从种子或其他生物材料中提取、用于变压器或类似电气设备的绝缘液体，其主要成分是甘油三脂，具有良好的生物降解性和环境相容性。

3.2

未使用过的天然酯绝缘油 unused natural ester insulating oil

没有使用过，也没有与其他电气设备或生产、储存、运输过程中不需要的设备接触过的新油。

注：对于未使用过的天然酯绝缘油，制造商和供应商应采取一切合理预

防措施，确保天然酯绝缘油中不含多氯联苯、多氯三联苯（PCB，PCT）或腐蚀性硫化合物，且不被使用过的油、再生油或其他污染物污染。

3.3

添加剂　additives

向绝缘油中添加的化学物质，起到赋予油品某种特殊性能或加强其本来具有的某种性能的作用。

注：例如，抗氧化剂、倾点抑制剂、油流带电抑制剂（苯并三唑类 BTA）、金属钝化剂或减活化剂、消沫剂、精炼过程改进剂等，详见附录 B。

3.4

腐蚀性硫　corrosive sulfur

游离硫和腐蚀性硫化合物，通常用铜或其他金属与绝缘油接触来检测。

3.5

密封变压器　sealed transformers

一种能避免变压器内部物质和外部大气之间相互交换的非呼吸式变压器。

［GB/T 2900.95—2015，定义 3.1.11］

4　未使用过的天然酯绝缘油选用要求

4.1　天然酯绝缘油制造商应提供符合标准规定的有效检测报告，同时说明所加添加剂的种类和含量，天然酯绝缘油特性参数的含义参见附录 A。

4.2　未使用过的天然酯绝缘油除满足 IEC 62770 要求外，主要特性应满足表 1 要求。

4.3　天然酯绝缘油与变压器结构材料的相容性应满足 IEEE Std C57.147™：2018 的相关规定。

4.4　未使用过的天然酯绝缘油应不含多氯联苯（PCB）。未使用过的天然酯绝缘油中 PCB 的浓度按照 SH/T 0803 进行检测。

注：未使用过的天然酯绝缘油中出现 PCB 或相关化合物只可能是交叉污染引起的。

4.5 未使用过的天然酯绝缘油应无毒。

注：天然酯绝缘油的毒性测试可采用修改后的埃姆斯试验法或其他国际公认的试验方法，例如 OECD 201-203、EPA 600/4.82.068。

表 1 未使用过的天然酯绝缘油技术要求

项目		技术指标	试验方法
1．物理特性			
外观		清澈透明、无沉淀物和悬浮物	目测
运动黏度[a] mm^2/s	100℃	≤15	GB/T 265
	40℃	≤50	
	0℃	≤500	
倾点 ℃		≤-10	GB/T 3535
含水量 mg/kg		≤200	GB/T 7600 或 NB/T 42140
密度（20℃） kg/m^3		≤1000	GB/T 1884
2．电气特性			
击穿电压[b]（2.5mm） kV		≥40	GB/T 507
介质损耗因数（$\tan\delta$）（90℃）		≤0.04	GB/T 5654
3．化学特性			
酸值（以 KOH 计） mg/g		≤0.06	IEC 62021-3 或 GB/T 264
腐蚀性硫		非腐蚀性	GB/T 25961 或 SH/T 0804
总添加剂（质量分数）		≤5%	IEC 60666 或其他方法

续表

项目		技术指标	试验方法
氧化安定性（见附录B）	总酸值（以KOH计）mg/g	0.6	NB/SH/T 0811
	运动黏度（40℃）（比初始值增加量）	≤30%	GB/T 265
	介质损耗因数（tan δ）（90℃）	≤0.5	GB/T 5654
4．健康、安全与环境（HSE）			
燃点 ℃		≥300	GB/T 3536
闪点 ℃		≥250	GB/T 261
生物降解性		易生物降解	GB/T 21801、GB/T 21802 或 GB/T 21856

[a] 当所提供的天然酯绝缘油倾点低于-20℃时，宜提供最低冷态投运温度对应的运动黏度值。

[b] 未使用过的天然酯绝缘油交付时的击穿电压测试值。

5　天然酯绝缘油的现场验收和处理

5.1　一般要求

由于各制造商的设计、工艺可能存在差异，天然酯绝缘油变压器的现场准备、注油、投运等指导说明宜由用户和制造商协商确定。所有油处理设备（如软管、管道、油罐、滤油设备等）应当保持清洁，应为天然酯绝缘油专用。有残余天然酯绝缘油的设备应密封，与空气和污染物隔绝。油桶、储油罐等容器储存天然酯绝缘油时，油面宜采用干燥氮气或干燥惰性气体进行密封覆盖。

5.2　运输容器

天然酯绝缘油通常采用油桶、油罐等容器储运，所有容器应清洁、干燥、密封。

5.3 验收检测

未使用过的天然酯绝缘油运至现场后应按照 GB/T 7597 规定的程序进行取样，对油样的外观、运动黏度、水含量、酸值、击穿电压、介质损耗因数及闪点等性能按照表 1 规定的试验方法进行检测，检测结果满足表 1 要求方可接收。

注：检验值是基于对天然酯绝缘油注入变压器之前进行微粒过滤、脱气和除水处理后测得的结果。

5.4 用户对天然酯绝缘油的处理和储存

5.4.1 受条件限制不能直接把运输油罐中的油直接注入变压器时，可把天然酯绝缘油注入储油罐中。天然酯绝缘油宜优先采用桶装方式储运。

5.4.2 宜采用户内型储油罐存储天然酯绝缘油，如果存放在室外，应避免阳光直射。天然酯绝缘油不宜储存在环境温度高或湿度大的地方（除非有干燥剂维护），储存环境温度宜在−10℃～40℃范围内。

5.4.3 通常，天然酯绝缘油可从储油罐中直接泵出。当气温接近绝缘油倾点时，需要对绝缘油进行加热处理，再从储油罐中泵出。

5.4.4 储油罐应配有法兰接口，罐内涂层应与天然酯绝缘油相容；不应采用带呼吸器的储油罐。

5.4.5 现有变压器油储油罐用于存储天然酯绝缘油应满足以下条件：

a）传输泵和管线能够输送黏度更大的天然酯绝缘油。在寒冷的环境中输送天然酯绝缘油时，需采取如下措施：输油管线采取电或蒸汽跟踪加热措施，储油罐采用加热装置。

b）储油罐应彻底清洁并对生锈、泄漏情况进行检查处理。

c）储油罐中的变压器油应彻底排净并用 60℃～80℃的天然酯绝缘油冲洗后才能灌注天然酯绝缘油，以免造成污染。

5.4.6 由于天然酯绝缘油的黏度一般高于普通矿物绝缘油，在选择油泵时应考虑天然酯绝缘油黏度影响。

5.5 天然酯绝缘油的灌装

5.5.1 天然酯绝缘油变压器宜选用真空注油工艺，如果注油后有过多的气泡产生时，应对天然酯绝缘油进行真空处理以充分脱气。

5.5.2 可用脱水和脱气设备对天然酯绝缘油进行处理。天然酯绝缘油的脱气应在 60℃～100℃、真空度低于 220Pa 条件下进行处理，确保彻底脱去之前引入的气体和水分。

5.5.3 经过真空脱气和过滤处理后的天然酯绝缘油应直接真空注入变压器中。

6 天然酯绝缘油注油后的要求

6.1 已经注入变压器中的天然酯绝缘油取样方法按照 GB/T 7597 中规定的程序执行。

6.2 天然酯绝缘油灌注完成、静置时间满足要求后，对变压器中的天然酯绝缘油进行取样测试，天然酯绝缘油性能满足表 2 的要求后方可通电。

表 2 变压器注油后对天然酯绝缘油技术要求和试验方法

项目	电压等级分类			试验方法
	≤35kV	110（66）kV	220kV	
外观	清澈透明、无沉淀物和悬浮物			目测
击穿电压（2.5mm）kV	≥40	≥45	≥50	GB/T 507
介质损耗因数（tanδ）（90℃）	≤0.07	≤0.05	≤0.04	GB/T 5654

续表

项目	电压等级分类			试验方法
	≤35kV	110（66）kV	220kV	
酸值（以 KOH 计）mg/g	≤0.06	≤0.06	≤0.06	IEC 62021-3 或 GB/T 264
含水量 mg/kg	≤300	≤150	≤100	GB/T 7600 或 NB/T 42140
运动黏度（40℃）mm^2/s	≤50	≤50	≤50	GB/T 265
闪点 ℃	≥250	≥250	≥250	GB/T 261

6.3 注满天然酯绝缘油的变压器应在静置足够时间后方可进行高压试验。在同等条件下，天然酯绝缘油一般比矿物绝缘油需要更长的时间浸渍绝缘纸（纸板）；采用厚绝缘纸板的变压器需要更长的时间来充分浸渍天然酯绝缘油。天然酯绝缘油的浸渍速率与油温和纤维素厚度成函数关系，浸渍速率应由变压器和绝缘纸（纸板）制造商以及天然酯绝缘油制造商提供，浸渍时间取决于纸板类型、厚度、绝缘油的初始温度、环境温度、电压等级等。

6.4 如无规定时，35kV 及以下变压器静置时间应不少于 24h，其他电压等级由变压器制造商确定。

7 天然酯绝缘油的维护处理

7.1 取样检验

7.1.1 天然酯绝缘油现场取样按照 GB/T 7597 规定程序进行。

7.1.2 应对油样的外观、水含量、击穿电压、介质损耗因数等进行检测，以判断天然酯绝缘油的状态。

7.1.3 为了更全面表征天然酯绝缘油的状态，还可进行运动黏度、酸值、密度、倾点、糠醛等测试。

7.1.4　运行中天然酯绝缘油的老化退役性能参数可参考附录 C。

7.2　净化处理

7.2.1　本标准中的净化处理指采用机械设备（如真空滤油机等）除去油中水分和固体颗粒。

7.2.2　如果在运输和储存绝缘油过程中进入水分超过限值则不能直接注入变压器，需进行额外的除水处理。

7.2.3　可采用过滤纸滤芯除去油中游离水，也可采用吸附型过滤器除水。

7.2.4　可采用高真空脱水系统降低油中溶解水含量。除脱水外，真空脱水系统还可以除去绝缘油中的气体和挥发性酸。但在高真空条件下，有些降凝剂和抗氧化添加剂可能也被过滤掉，应与绝缘油制造商进行确认。

7.2.5　经过净化处理后的天然酯绝缘油性能应满足表 1 要求。

7.3　再生处理

再生处理前应对绝缘油做净化处理，特别是含有较多水分和颗粒杂质的天然酯绝缘油，应先对绝缘油除水、除杂质后再进行再生处理。再生后的绝缘油也应经过精密过滤净化后才能使用，以防吸附剂等残留物带入运行设备中。再生处理过程中可能除去油中的添加剂，应根据实测值决定是否补加。

7.4　混油和补油

7.4.1　天然酯绝缘油不宜与矿物绝缘油混用，如需将天然酯绝缘油和矿物绝缘油混合使用，应按混合后的绝缘油实测性能确定其适用范围。

7.4.2　不同原料来源的天然酯绝缘油不宜混合使用。如需将不同类型天然酯绝缘油的新油或已使用过的天然酯绝缘油混合使用，应按混合后的绝缘油实测性能确定其适用范围。

7.4.3 变压器需补油时，应优先选用与变压器内相同的同一基础油、同一添加剂类型的油品。补加油品的性能应不低于设备内的原油。

8 安全和环境要求

8.1 一般要求

满足本标准的天然酯绝缘油应无毒且生物降解性好，对健康和环境应无危害。

8.2 泄漏

在设备维护中应对泄露情况做例行检查。当天然酯绝缘油发生轻微泄漏时，可用吸油布、清洁剂清理。当天然酯绝缘油泄漏到水中时，可采用洗涤剂除去水中的天然酯绝缘油。

附 录 A
（规范性附录）
天然酯绝缘油氧化安定性试验

A.1 概述

天然酯绝缘油采用NB/SH/T 0811相似的加速老化试验方法进行氧化安定性评价。在待测天然酯绝缘油样品中放入固体铜催化剂，向油中通入恒定体积的空气，在120℃温度下保持48h，通过测定氧化后油品的挥发性酸值、油溶性酸值、沉淀物含量、黏度和介质损耗因数来评价抗氧化能力。

A.2 试验条件

加速老化时间设定为48h，其他试验条件，例如天然酯绝缘油的数量、铜丝催化剂的长度和直径、氧化温度和氧化剂（空气）流量等，应与NB/SH/T 0811试验方法完全相同。

A.3 精度

通过对商用天然酯绝缘油进行48h对比试验后得到的精度值见表A-1。每个参数的相对再现性是基于从11个参与实验室获得的结果。表A-1中报告的值与NB/SH/T 0811中矿物绝缘油报告的值基本一致。

表A-1 各性能的重复性和再现性

性能	重复性 r %	再现性 R %
运动黏度（40℃）	5	7.5
总酸值	13	38

续表

性能	重复性 r %	再现性 R %
油泥	22	57
介质损耗因数（$\tan\delta$）（90℃）	—	47

A.4 重复性（r）

同一个实验室在95%的置信水平下给出的重复值。

A.5 再现性（R）

不同的实验室在95%的置信水平下给出的重复值。

附 录 B
（资料性附录）
天然酯绝缘油特性参数的含义

B.1 物理性能

B.1.1 外观

通过肉眼检查未使用过的天然酯绝缘油应透明、无可见污染物、游离水和悬浮物。

B.1.2 运动黏度

运动黏度指液体流动时内摩擦力的量度。运动黏度随温度的升高而降低。本标准规定在指定温度下用运动黏度来评价绝缘油的流动性能，单位为 mm^2/s，用运动黏度的上限值作为对冷却效果的保证。随着温度升高，绝缘油运动黏度下降，下降速率取决于绝缘油的化学组分。

B.1.3 倾点和凝点

倾点：在规定条件下，被冷却的试样能流动的最低温度，单位为℃。

凝点：试样在规定条件下冷却至停止流动的最高温度，单位为℃。

由于测定方法和条件不同以及油品的组分和性能不同，两者有一定的差别。

B.1.4 水分

水分指存在于油品中的水分含量。油中水分主要以三种形态存在：溶解水、乳化水和游离水。溶解水是呈分子状态的水，借分子间存在的诱导力与分散力溶解于油中；乳化水指呈微球的乳浊水滴，它们高度分散在油中而不易分离；游离水是与油有明显分界面，大都受重力作用沉积在容器的底部或者附着在器壁上。水在油中的溶解度随温度的升高而增大。油中游离水的存在或在有溶解水的同时遇到纤维杂质时，将会降低油的电气强度。将油中含水量控制在较低值，一方面是防止温度降低时油中游离水的形成，另一方面也有利于控制纤维绝缘中的含水量，还可以降低油纸绝缘的老化速率。

B.1.5 密度

在规定温度下，单位体积内所含物质的质量数，以 g/cm^3 或 g/mL 表示。由于油的密度受温度影响较大，标准规定的密度是指20℃时的值。油品的密度与其化学组分有关，为了使油中水分和生成的沉淀物尽快下沉到油箱底部，要求绝缘油的密度尽量小。

B.1.6 界面张力

指绝缘油和纯水之间的界面分子力的作用，表现为反抗其本身的表面积增大的力。用来表征绝缘油中含有极性组分的量，单位为 mN/m。

由于天然酯绝缘油和矿物绝缘油固有化学性能不同，天然酯绝缘油的界面张力比矿物绝缘油低，天然酯绝缘油的界面张力典型值在 25mN/m～30mN/m 之间。本标准没有给出天然酯绝缘油界面张力限值，但是当运行中的天然酯绝缘油界面张力比初始值降低 40%以上时应对绝缘油做进一步的检查。

B.2 电气性能

B.2.1 击穿电压

在规定的试验条件下，试样发生击穿时的电压。通常标准规定的均指绝缘油在工频电压作用下的击穿电压值，它表征绝缘油耐受电应力的能力，该值与绝缘油的组成和精制程度等绝缘油本质因素无关，主要受绝缘油中杂质和温度的影响。影响最大的杂质是水分和纤维，特别是两者同时存在时。绝缘油经净化处理后，不同绝缘油的击穿电压值都可得到很大提高。因此，从某种意义上说，击穿电压值不是油品本身的电气特性，而是对绝缘油物理状态的评定。

B.2.2　介质损耗因数

它是由于介质电导和介质极化的滞后效应，在其内部引起的能量损耗，取决于油中可电离的成分和极性分子的数量，同时还受到绝缘油精制程度的影响。介质损耗因数增大，表明绝缘油受到水分、带电颗粒或可溶性极性物质的污染。它对油处理过程中的污染非常敏感，对变压器而言，内部的清洁度是至关重要的。

B.2.3　相对介电常数

相对介电常数是在一个电容器两电极之间和周围全部由被试绝缘材料充满时的电容量与同样电极形状极板间为真空时的电容量之比。液体绝缘材料的相对介电常数很大程度上取决于试验条件，特别是温度和施压电压的频率。相对介电常数是介质极化和材料电导的度量。

天然酯绝缘油的相对介电常数典型值在2.7～3.3之间。

B.3　化学性能

B.3.1　酸值

在规定条件下，酸值为中和1克试油中的酸性组分所消耗的氢氧化钾毫克数。除非受到污染，否则新油的酸值可以达到非常低的水平。绝缘油经过氧化试验后，酸值是作为评定该油氧化安定性的重要指标之一，它既是反映绝缘油早期劣化阶段的主要指标，也是运行性能指标。

B.3.2 腐蚀性硫

指存在于油品中的腐蚀性硫化物（含游离硫）。某些活性硫化物对铜、银等金属表面有很强的腐蚀性，特别是在温度作用下，能与铜导体化合形成硫化铜浸蚀绝缘纸，从而降低绝缘强度。因此，绝缘油中不允许存在腐蚀性硫。

B.3.3 添加剂

添加剂可包含抗氧化剂、金属钝化剂、降凝剂等。抗氧化剂可以延缓天然酯绝缘油的氧化，避免凝胶和酸性物质的形成，例如2，6-二叔丁基对甲酚（DBPC），即BHT。添加剂的检测方法参照IEC 60666或其他合适方法。所有添加剂的质量分数应低于5%。天然酯绝缘油供应商应告知用户所有添加剂的类型及抗氧化剂和钝化剂的浓度。最初的添加剂类型和浓度对于天然酯绝缘油变压器的运行和维护指导非常有用。

B.3.4 2-糠醛

用目前测试方法测到的呋喃化合物中的主要成分，通常称为2-糠醛。在新油中表征某些绝缘油在炼制过程中经糠醛精制后的残留量，与绝缘油的性能无关。运行中的绝缘油，则可由2-糠醛含量了解变压器中纤维绝缘的老化程度。限制新油中的含量是为了尽量避免对运行中绝缘老化程度判断的干扰。

未使用过的天然酯绝缘油中应不含2-糠醛。绝缘油中2-糠醛及相关化合物应按NB/SH/T 0812进行检测，未使用的天然酯绝缘油中也可能存在痕量的某些呋喃化合物。

B.3.5　氧化安定性

它表征绝缘油抵抗氧气、温度等作用而保持其性能不发生永久变化的能力，是绝缘油的一项重要性能指标。

B.4　健康、安全和环境（HSE）性能

B.4.1　闪点和燃点

闪点：在规定试验条件下，试验火焰引起试样蒸汽着火，并使火焰蔓延至液体表面的最低温度，修正到 101.3kPa 大气压下。闭口闪点是用规定的闭口杯闪点测定仪器所测得的闪点，单位为℃。

燃点：在规定试验条件下，试验火焰引起试样蒸汽着火且至少持续燃烧 5s 的最低温度，修正到 101.3kPa 大气压下。

B.4.2　多氯联苯（PCB）

在联苯分子中两个或两个以上的氢原子被氯原子取代后，得到的一些同分异构物和同系物混合而成的绝缘液体。PCB 是一种有毒化合物，会对肝脏、神经和内分泌系统等造成损伤，也是致癌物质，因而被严格控制。但是，由于其电气性能良好、燃点高，过去曾被一些国家作为绝缘介质使用，在我国曾有少量电容器使用过。未使用过的天然酯绝缘油应不含任何多氯联苯，为防止天然酯绝缘油受到污染应控制 PCB 的引入。

B.4.3　生物降解

生物降解一般指微生物的分解作用，有可能是微生物的有氧呼吸，也可能是微生物的无氧呼吸。自然界存在的微生物分解物质对环境不会造成负面影响。天然酯绝缘油比矿物绝缘油环境相

容性更好，需采取生物降解性试验来验证绝缘油的生物降解性。有机污染物根据其生物降解性分为：

a）可生物降解物质，如单糖、淀粉、蛋白质等；

b）难生物降解物质，如纤维素、农药、烃类等；

c）不可生物降解物质，如塑料、尼龙等。

天然酯绝缘油属于可生物降解物质。

B.4.4 毒性

又称生物有害性，一般是指外源化学物质与生命机体接触或进入生物活体体内后，能引起直接或间接损害作用的相对能力，或简称为损伤生物体的能力。天然酯绝缘油的毒性测试可以采用修改后的埃姆斯试验法或其他国际公认的试验方法，无污染的天然酯绝缘油应为无毒。

附　录　C
（资料性附录）
天然酯绝缘油附加技术信息

C.1　天然酯绝缘油相对含水饱和度

天然酯绝缘油与矿物绝缘油相对含水饱和度计算值见表 C-1。

表 C-1　　天然酯绝缘油含水饱和度计算值

温度 ℃	典型矿物绝缘油 mg/kg	天然酯绝缘油（3 组数据平均值） mg/kg
0	22	658
10	36	814
20	55	994
30	83	1198
40	121	1427
50	173	1681
60	242	1962
70	332	2269
80	447	2604
90	593	2965
100	773	3354

C.2　水分对天然酯绝缘油工频击穿电压的影响

水分对天然酯绝缘油工频击穿电压的影响见图 C-1。

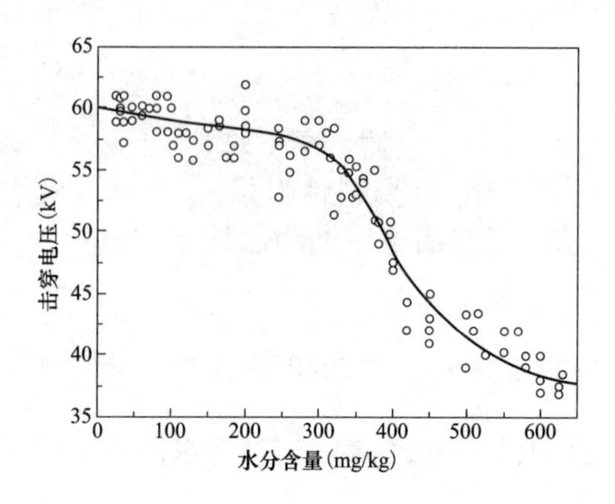

图 C-1　水分含量对天然酯绝缘油工频击穿电压的影响

C.3　运行老化天然酯绝缘油参数

运行老化天然酯绝缘油参数注意值见表 C-2。

表 C-2　　运行老化天然酯绝缘油参数注意值

项目	电压等级分类			试验方法
	≤35kV	110（66）kV	220kV	
介质损耗因数（25℃） %	≥3	≥3	≥3	GB/T 5654
运动黏度增加率（40℃） %	≥10	≥10	≥10	GB/T 265
酸值（以 KOH 计） mg/g	≥0.5	≥0.3	≥0.3	IEC 62021-3 或 GB/T 264
闪点 ℃	≤250	≤250	≤250	GB/T 261
界面张力 mN/m	≤10	≤12	≤14	GB/T 6541
添加剂含量 %	（见注 2）	（见注 2）	（见注 2）	IEC60666

注 1：本表数据仅限于一直使用天然酯绝缘油的变压器，这些数据是基于非常有限的加速老化和现场运行超过 10 年的变压器采集的样本。

注 2：与制造商联系具体的天然酯绝缘油推荐的添加剂限值。

C.4　天然酯液浸绝缘纸聚合度随老化时间变化情况

大豆、菜籽类天然酯绝缘油与矿物绝缘油浸渍绝缘纸聚合度随老化时间变化情况见图 C-2 和图 C-3。

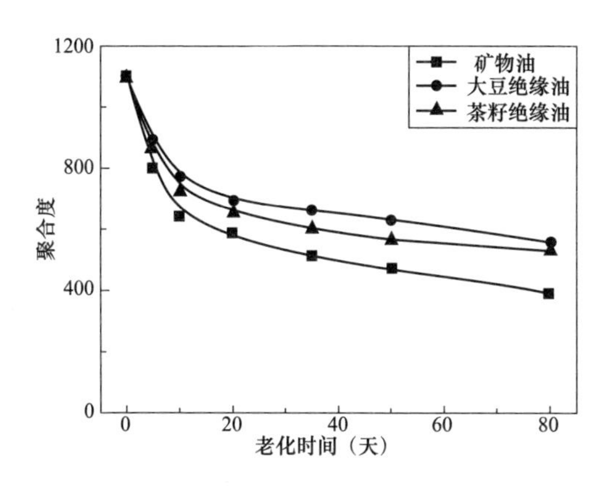

图 C-2　初始水分含量 0%的液浸绝缘纸聚合度变化情况

（130℃加速热老化）

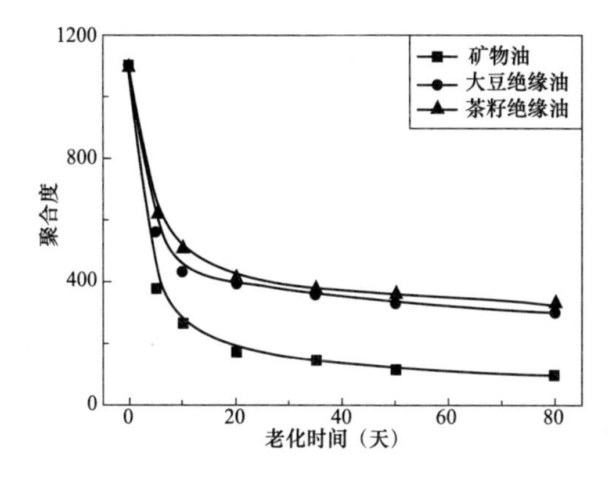

图 C-3　初始水分含量 4%的液浸绝缘纸聚合度变化情况

（130℃加速热老化）

C.5 相对冷却性能

变压器设计时用到绝缘油的四种冷却性能为运动黏度、膨胀系数、热导率、热容。其中，运动黏度是最重要的性能，本标准已对其作出明确要求。然而，为了散热设计最优化，需要用到其他三种性能。因此，天然酯绝缘油制造商应告知各自品牌产品的热性能。

附录四　大豆植物变压器油质量标准（DL/T 1360—2014）

1　范围

本标准规定了新的天然酯类（能完全生物降解）大豆植物变压器油的质量标准和检验方法。

本标准适用于电气设备用新的天然酯类大豆植物变压器油的质量监督。运行中大豆植物变压器油可参考使用。

2　规范性引用文件

下列文件对于本文件的应用是必不可少的。凡是注日期的引用文件，仅注日期的版本适用于本文件。凡是不注日期的引用文件，其最新版本（包括所有的修改单）适用于本文件。

GB/T 265　石油产品运动黏度测定法和动力黏度计算法

GB/T 507　绝缘油　击穿电压测定法

GB/T 1884　原油和液体石油产品密度实验室测定法（密度计法）

GB/T 1885　石油计量表

GB/T 3535　石油产品倾点测定法

GB/T 3536　石油产品闪点和燃点的测定　克利夫兰开口杯法

GB/T 4756　石油液体手工取样法

GB/T 5654　液体绝缘材料　相对电容率、介质损耗因数和

直流电阻率的测量

GB/T 7597　电力用油（变压器油、汽轮机油）取样方法

GB/T 7600　运行中变压器油和汽轮机油水分含量测定法（库伦法）

GB/T 25961 电气绝缘油中腐蚀性硫的试验法

NB/SH/T 0811　未使用过的烃类绝缘油氧化安定性评价法

NB/SH/T 0836　绝缘油酸值的测定　自动电位滴定法

IEC 62021-2　绝缘液体　酸值的测定　第 2 部分：比色滴定法（Insulating liquids-Determination of acidity-part 2：Colourimetric Titration）

3　术语和定义

下列术语和定义适用于本标准。

3.1

大豆植物变压器油　soybean plant transformer oil

天然植物酯类的一种，主要成分是甘油三酯，由大豆植物种子精炼而成，可作为充油变压器类设备中的液体绝缘介质，具有高的燃点和良好的生物降解性能，为环保型绝缘介质。

3.2

生物降解　biological degradation

一般指微生物的分解作用，有可能是微生物的有氧呼吸，也有可能是微生物的无氧呼吸，即在自然环境利用微生物的分解将难降解物质降解为环保性物质。

3.3

添加剂　additives

为了改进某种特性，如倾点、黏度、泡沫性能和氧化稳定性，需要在天然酯类绝缘油中添加适当的化学添加剂。

注 1：供应商使用的添加剂应在产品说明书及合格证明中明示。

注 2：添加剂的使用应符合当地的法规。

4 质量标准

4.1 大豆植物变压器油的质量标准和试验方法应符合表 1 的规定。

4.2 国外标准有关天然酯类绝缘油的质量指标参见附录 A。

表 1 大豆植物变压器油的质量标准和试验方法

<table>
<tr><th colspan="2">项目</th><th>质量指标</th><th>试验方法</th></tr>
<tr><td colspan="2">外观</td><td>清澈、透明</td><td>目测</td></tr>
<tr><td rowspan="2">运动黏度
mm²/s</td><td>40℃</td><td>≤50</td><td rowspan="2">GB/T 265</td></tr>
<tr><td>100℃</td><td>≤15</td></tr>
<tr><td colspan="2">倾点
℃</td><td>≤-10</td><td>GB/T 3535</td></tr>
<tr><td colspan="2">含水量
mg/kg</td><td>≤200</td><td>GB/T 7600</td></tr>
<tr><td colspan="2">密度（20℃）
g/cm³</td><td>≤1.0</td><td>GB/T 1884 或 GB/T 1885</td></tr>
<tr><td colspan="2">击穿电压
kV</td><td>≥35</td><td>GB/T 507</td></tr>
<tr><td colspan="2">介质损耗因数（90℃）</td><td>≤0.5</td><td>GB/T 5654</td></tr>
<tr><td colspan="2">酸值（以 KOH 计）
mg/g</td><td>≤0.06</td><td>NB/SH/T 0836 和 IEC 62021-2</td></tr>
<tr><td colspan="2">腐蚀性硫</td><td>无</td><td>GB/T 25961</td></tr>
<tr><td rowspan="3">氧化安定性</td><td>总酸值（以 KOH 计）
mg/g</td><td>报告</td><td rowspan="3">NB/SH/T 0811</td></tr>
<tr><td>油泥（质量分数）
%</td><td>报告</td></tr>
<tr><td>介质损耗因数（90℃）</td><td>报告</td></tr>
<tr><td colspan="2">燃点
℃</td><td>>300</td><td>GB/T 3536</td></tr>
<tr><td colspan="2">闪点
℃</td><td>>250</td><td>GB/T 3536</td></tr>
</table>

5 检验方法

5.1 样品采集

大豆植物变压器油样品的采集应参照GB/T 4756和GB/T 7597的规定执行。

5.2 样品试验

检验大豆植物变压器油质量标准的各项试验方法见表1。

附　录　A
（规范性附录）
国外标准有关天然酯类绝缘油的质量指标

A.1　IEEE Std C57.147：2008《IEEE 用于变压器的天然酯类液的接收和维护导则》中关于新油的质量指标见表 A-1。

表 A-1　　IEEE Std C57.147：2008 新油质量指标

项目	质量指标				试验方法
	≤69kV	69kV～230kV	230kV～345kV	345kV 及以上	
外观	清澈透明	清澈透明	清澈透明	清澈透明	ASTM D1524
颜色	≤1.0	≤1.0	≤1.0	≤1.0	ASTM D1500
运动黏度（40℃）mm^2/s	≤50	≤50	≤50	≤50	ASTM D445
含水量 mg/kg	≤300	≤150	≤100	≤100	ASTM D1533
击穿电压（1mm）kV	≥25	≥30	≥32	≥32	ASTM D1816
击穿电压（2mm）kV	≥45	≥52	≥55	≥60	
介质损耗因数（25℃）%	≤0.5	≤0.5	≤0.5	≤0.5	ASTM D924
酸值（以 KOH 计）mg/g	≤0.06	≤0.06	≤0.06	≤0.06	ASTM D974
燃点 ℃	≥300	≥300	≥300	≥300	ASTM D92

A.2　ASTM D6871—2003《电气设备中使用的天然（植物油）酯液体的规范》中关于新油的质量指标见表 A-2。

表 A-2　　ASTM D6871—2003 新油质量指标

项目	质量指标	试验方法
外观	清澈透明	ASTM D1524
颜色	≤1.0	ASTM D1500
运动黏度（0℃） mm^2/s	≤500	ASTM D445 或 ASTM D88
运动黏度（40℃） mm^2/s	≤50	
运动黏度（100℃） mm^2/s	≤15	
倾点 ℃	≤-10	ASTM D97
含水量 mg/kg	≤200	ASTM D1533
密度（20℃） g/cm^3	≤0.96	ASTM D1298
击穿电压（1mm） kV	≥20	ASTM D1816
击穿电压（2mm） kV	≥35	
冲击击穿电压（25.4mm，25℃） kV	≥130	ASTM D3300
介质损耗因数（25℃）	≤0.20	ASTM D924
介质损耗因数（100℃）	≤4.0	
析气性	0	ASTM D2300
酸值（以 KOH 计） mg/g	≤0.06	ASTM D974
腐蚀性硫	非腐蚀性	ASTM D1275B
燃点 ℃	≥300	ASTM D92
闪点 ℃	≥275	ASTM D92
PCB	无	ASTM D4059

参 考 文 献

[1] 钱旭耀. 变压器油及相关故障诊断处理技术 [M]. 北京：中国电力出版社，2006.

[2] 温念珠. 电力用油实用技术 [M]. 北京：中国水利水电出版社，1998.

[3] 姚志松，姚磊. 变压器油的选择、使用和处理 [M]. 北京：机械工业出版社，2007.

[4] 孙坚明，孟玉婵，刘永洛. 电力用油分析及油务管理 [M]. 北京：中国电力出版社，2009.

[5] 罗竹杰，刘吉堂. 电力用油与六氟化硫 [M]. 北京：中国电力出版社，2007.

[6] 孙坚明，李萌才. 运行变压器油维护及管理 [M]. 北京：中国电力出版社，2006.

[7] 李德志，寇晓适，曹宏伟，等. 电力变压器油色谱分析及故障诊断技术 [M]. 北京：中国电力出版社，2013.

[8] 谢毓城. 电力变压器技术手册 [M]. 2 版. 北京：机械工业出版社，2014.

[9] 李建明，朱康. 高压电气设备试验方法 [M]. 2 版. 北京：中国电力出版社，2001.

[10] 戈宝军，梁艳萍，温嘉斌，等. 电机学 [M]. 2 版. 北京：中国电力出版社，2013.

[11] 姚志松，姚磊. 配电变压器选择 使用与招投标 [M]. 北京：中国电力出版社，2010.

[12] 毕艳兰，郭诤，杨天奎. 油脂化学 [M]. 北京：化学工业出版社，2009.

[13]刘玉兰，汪学德，马传国，等. 油脂制取与加工工艺学[M]. 2版. 北京：科学出版社，2009.
[14]何东平，闫子鹏，刘玉兰，等. 油脂精炼与加工工艺学[M]. 2版. 北京：化学工业出版社，2012.
[15] 罗质，马传国，金青哲. 油脂精炼工艺学 [M]. 北京：中国轻工业出版社，2016.
[16] Y.H.Hui（美）. 贝雷. 油脂化学与工艺学（第2卷）[M]. 徐生庚，邱爱泳，译. 5版. 北京：中国轻工业出版社，2001.
[17] 于文景，于平. 油脂制取加工技术、工艺流程、质量检测与生产管理、包装储藏实务全书 [M]. 北京：金版电子出版公司，1998.
[18] 张玉军，陈杰瑢. 油脂氢化化学与工艺学. [M]. 北京：化学工业出版社，2004.
[19] 王珊珊，周竹君，梁嗣元. 变压器用植物绝缘油的低温特性试验研究 [J]. 电工电气，2014，(12)：48-50.
[20] 邓皓月. 菜籽绝缘油的精炼及其水解动力学特性的研究 [D]. 重庆大学，2011.
[21] 孙艳飞. 菜籽绝缘油及其油纸绝缘介电谱和击穿特性的研究 [D]. 重庆大学，2008.
[22] 周璇，陈江波，余辉，等. 菜籽油酯交换制备植物绝缘油及电气性能研究[J]. 应用化工，2012，41(8)：1375-1379.
[23] 胡远翔，袁帅，余辉，等. 大豆绝缘油的热老化特性与分解产物研究 [J]. 可再生能源，2016，34 (5)：754-758.
[24] 蔡胜伟，周翠娟，陈江波，等. 电力变压器用天然酯-纸绝缘热老化电气性能研究[J]. 变压器，2015，52(5)：52-56.
[25] 杨涛，寇晓适，王吉，等. 电力变压器用植物绝缘油微水特性 [J]. 变压器，2016，53 (11)：38-40.
[26] 任常兴，李晋，张欣，等. 高燃点植物绝缘油变压器防火

安全性探讨［J］. 变压器，2009，46（10）：26-28.
［27］张网，李晋，张欣，等. 高燃点植物绝缘油与其他绝缘油的火灾危险性比较［J］. 供用电，2009，26（6）：84.
［28］高振国. 环保型植物绝缘油炼制及其电气性能研究［J］. 沈阳工程学院学报（自然科学版），2012，802）：140-142.
［29］张敬尧. 缓释型天然油脂抗氧化剂的制备及缓释动力学研究［D］. 黑龙江八一农垦大学，2009.
［30］凡勇，周竹君，伍志荣，等. 几种植物绝缘油的抗氧化性能研究［J］. 绝缘材料，2013，46（2）：45-48.
［31］杨涛，寇晓适，张小勇，等. 间歇式植物绝缘油精炼工艺探讨［J］. 中国油脂，2016，41（12）：73-75.
［32］任乔林，肖洒，肖亚平，等. 植物绝缘油化学精炼法的研究现状及展望［J］. 湖北电力，2017，41（09）：15-20.
［33］陈莹. 抗氧化剂的抗氧化活性评价方法研究［D］. 江南大学，2012.
［34］廖莹，陈江波，余辉，等. 棉籽油型植物绝缘油的制备与性能研究［J］. 农业机械，2012（24）：82-85.
［35］胡锦丽. 绿色环保绝缘材料应用—天然酯绝缘油发展回顾［J］. 电工文摘，2011（5）：40-43.
［36］覃彩芹. 植物变压器油的研究与应用进展［J］. 湖北工程学院学报，2018，38（03）：5-9.
［37］黄达利. 植物绝缘油在电力变压器中的应用［J］. 黑龙江科技信息，2017（14）：80.
［38］廖瑞金，梁帅伟，李剑，等. 矿物油和天然酯混合绝缘油的理化特性和击穿电压研究［J］. 中国电机工程学报，2009，29（13）：117-123.
［39］钟宇翔. 纳米粒子对植物绝缘油的改性研究［D］. 华北电力大学，2014.

[40] 李勇. 山茶籽绝缘油的电气及抗氧化性能研究 [D]. 重庆大学，2007.
[41] 蔡胜伟，陈江波，尹晶，等. 天然酯绝缘油氧化安定性试验探讨 [J]. 绝缘材料，2016，49（3）：68-71.
[42] 邱武斌，杨涛，王吉，等. 天然酯绝缘油与液浸式变压器绝缘材料相容性研究 [J]. 变压器，2016，53（3）：26-29.
[43] 杨涛，张慧，景冬冬，等. 脱酸方式对天然酯绝缘油性能的影响 [J]. 绝缘材料，2017，50（3）：54-56，61.
[44] 杨涛，张小勇，王天，等. 新型高燃点环保型液体绝缘介质—植物绝缘油 [J]. 中国油脂，2016，41（11）：41-45.
[45] 穆同娜，张惠，景全荣. 油脂的氧化机理及天然抗氧化物的简介 [J]. 食品科学，2004（S1）：243-246.
[46] 钱伟光. 油脂光氧化机理及迷迭香抗光氧化的研究 [J]. 四川粮油科技，2000（01）：25-26，31.
[47] 张明成. 油脂氧化机理及抗氧化措施的介绍 [J]. 农业机械，2011（08）：49-52.
[48] 周丽凤. 油脂氧化与抗氧化技术 [J]. 粮食与食品工业，2008（05）：24-26.
[49] 黄达利. 杂质对植物绝缘油介电性能的影响研究 [D]. 重庆大学，2016.
[50] 蔡胜伟，陈江波，梁云丹，等. 植物绝缘油的性能改进及试验考核研究 [J]. 变压器，2013，50（12）：58-62.
[51] 孙大贵，杨凤，刘作华，等. 植物绝缘油的制备及电气性能研究 [J]. 中国油脂，2010，35（11）：36-39.
[52] 杨凤. 植物绝缘油的制备及抗氧化性能研究 [D]. 重庆大学，2010.
[53] 李剑，姚舒瀚，杜斌，等. 植物绝缘油及其应用研究关键问题分析与展望 [J]. 高电压技术，2015，41（2）：353-363.

[54] 胡婷，吴义华，周竹君，等．植物绝缘油碱炼工艺的优化[J]．绝缘材料，2012，45（4）：60-63．
[55] 李晓虎．植物绝缘油理化及电气性能的研究［D］．重庆大学，2006．
[56] 刘光祺，钟力生，于钦学，等．植物绝缘油研究现状［J］．绝缘材料，2012，45（3）：34-39．
[57] 黄达利．植物绝缘油在电力变压器中的应用［J］．黑龙江科技信息，2017（14）：80．
[58] 邹平，李剑，孙才新，等．植物绝缘油中含水量对其绝缘性能的影响［J］．高电压技术，2011，37（7）：1627-1633．
[59] 陈朋，余辉，陈江波，等．植物绝缘油主要组分的理化与电气性能研究［J］．绝缘材料，2014，47（03）：45-49．
[60] 黄晶．植物型变压器绝缘油的精炼及改性［D］．重庆大学，2006．
[61] 姜显光．植物油脂中脂肪酸的分析研究［D］．辽宁师范大学，2008．
[62] 李延涛．植物油纸绝缘的微水扩散和介电特性研究［D］．西南交通大学，2014．
[63] 李剑，陈晓陵，张召涛，等．植物油纸绝缘的微水扩散特性［J］．高电压技术，2010，36（06）：1379-1384．
[64] 邹平．植物绝缘油的油纸浸渍与水解动力学特性及纳米改性方法研究［D］．重庆大学，2011．